性格心理学

性格解密与养成

李盼盼 著

中国书籍出版社
China Book Press

图书在版编目 (CIP) 数据

性格心理学：性格解密与养成 / 李盼盼著 . -- 北京 : 中国书籍出版社 , 2020.9
 ISBN 978-7-5068-8022-0

Ⅰ . ①性… Ⅱ . ①李… Ⅲ . ①个性心理学 – 通俗读物 Ⅳ . ① B848-49

中国版本图书馆 CIP 数据核字（2020）第 191211 号

性格心理学：性格解密与养成

李盼盼　著

图书策划	谭　鹏　武　斌
责任编辑	成晓春
责任印制	孙马飞　马　芝
封面设计	仙　境
出版发行	中国书籍出版社
地　　址	北京市丰台区三路居路 97 号 (邮编：100073)
电　　话	（010）52257143（总编室）　（010）52257140（发行部）
电子邮箱	eo@chinabp.com.cn
经　　销	全国新华书店
印　　刷	三河市铭浩彩色印装有限公司
开　　本	710 毫米 × 1000 毫米　1/16
印　　张	16
字　　数	245 千字
版　　次	2021 年 5 月第 1 版　2021 年 5 月第 1 次印刷
印　　数	1—3000 册
书　　号	ISBN 978-7-5068-8022-0
定　　价	56.00 元

版权所有　翻印必究

前言

从某种意义上来说,"性格决定命运",每个人都想做命运的主人,把控自己的人生。要想做到这一点,了解和认识自己的性格很重要。

什么是性格?一个人的性格是由什么决定的?

你属于哪一种性格?如何一眼看透他人的性格?

面对不同性格的人,如何为人处事,才能更好地处理彼此之间的关系?

为什么你时常焦虑,遇事犹豫不决,总在争吵结束后才想到该如何反驳?而他/她却始终睿智冷静,能一语中的,并且人缘极好?性格是如何决定这一切的?

本书为你揭开性格的神秘面纱,让你能充分了解自己的性格,并能看透他人的性格,帮助你不断完善自己、完善人际关系、完善人生规划并最终获得成功与幸福。

全书围绕"性格决定命运"展开对性格的剖析,深入浅出地解答了什么是性格、性格的影响因素，以及与性格相关的疑惑，解析了性格类型中的九种典型性格/人格，即完美型、助人型、成就型、自我型、理智型、疑惑型、享乐型、领导型、平和型人格，解密了时下热门的性格色彩问题，并从童年的成长经历和家庭环境的角度，深入分析了个体性格是如何养成的、个体性格是如何塑造成当前这样的等问题。在此基础上，明确性格的"可诊断性"与"可塑性"，教你如何诊断性格、完善性格，成就最好的自己。

　　此外，本书在解析性格的过程中设计了【性格趣谈】【指点迷津】【性格揭秘】【随机提问】四个版块，旨在与读者亲切交谈，让读者从众多性格案例中更生动形象地了解性格。如果你想了解性格、认识性格，不妨通过阅读本书来一探究竟。

　　本书在创作过程中参考了一些学者的观点，在此深表感谢，同时，欢迎读者阅读并与我们一起探讨性格、解密性格。

作者
2020年6月

目录

第1章 揭开性格的神秘面纱

1.1	什么是性格？	003
1.2	性格的构成	011
1.3	性格是天生的吗？	013
1.4	性格是后天培养的吗？	017
1.5	为什么"狼孩"没有性格？	019
1.6	双胞胎的性格解密	021
1.7	性格与气质	023
1.8	性格真的决定命运吗？	031

第 2 章　性格类型：总有一款适合你

- 2.1　完美型：没有最好，只有更好　037
- 2.2　助人型：我奉献，我快乐　041
- 2.3　成就型：天生我材必有用　045
- 2.4　自我型：多愁善感的林妹妹　049
- 2.5　理智型：冲动是魔鬼　053
- 2.6　疑惑型：行走的问题百科　057
- 2.7　享乐型：人生得意须尽欢　059
- 2.8　领导型："我不要你觉得，我要我觉得"　063
- 2.9　平和型：退一步海阔天空　065

第 3 章　性格色彩：破解性格的密码

- 3.1　性格与颜色偏好　071
- 3.2　通过色彩透视他人的性格　077
- 3.3　性格色彩的心理暗示　083
- 3.4　性格色彩神奇的治愈力量　089

第 4 章　性格养成：童年的你我他

- 4.1　性格与心理发展的年龄阶段　099
- 4.2　"会玩"的孩子更聪明　105

目 录

4.3 "怪行为"背后的逆反心理　　　　　　　　　109

4.4 儿童社交：三岁看大，七岁看老　　　　　　　121

第 5 章　性格塑造：家庭心理成长画像

5.1 亲子关系的类型　　　　　　　　　　　　　　131

5.2 性格与亲子关系　　　　　　　　　　　　　　135

5.3 扔掉可怕的坏脾气　　　　　　　　　　　　　139

5.4 去除"以爱之名"的禁锢　　　　　　　　　　145

5.5 解除过高期望带来的压抑　　　　　　　　　　151

5.6 不冷漠，爱需要反馈　　　　　　　　　　　　155

5.7 不唠叨，让世界安静会儿　　　　　　　　　　159

5.8 榜样的力量　　　　　　　　　　　　　　　　161

第 6 章　性格诊断：弥补性格缺陷

6.1 社交恐惧症：不愿和陌生人说话　　　　　　　167

6.2 强迫症：难以自控的想法与行为　　　　　　　175

6.3 迫害症：谁都不能信　　　　　　　　　　　　179

6.4 说谎症：不是故意要骗你　　　　　　　　　　183

6.5 选择困难：谁来帮我做决定？　　　　　　　　185

6.6 分裂：没有人能懂我　　　　　　　　　　　　189

6.7 冷漠：不关我的事　　　　　　　　　　　　193

6.8 自恋：美少年纳喀索斯　　　　　　　　　197

第 7 章　性格完善：更智慧地生活

7.1 测一测你是什么性格　　　　　　　　　　203

7.2 没有哪一种性格是完美的　　　　　　　　215

7.3 找到自己的性格优势　　　　　　　　　　217

7.4 学习他人的性格优点　　　　　　　　　　221

7.5 悦纳自己，接纳他人　　　　　　　　　　227

7.6 完善自己，培养优良的性格与品格　　　　231

7.7 每个人都是独一无二的，做最好的自己　　241

参考文献　　　　　　　　　　　　　　　　　　243

第 1 章
揭开性格的神秘面纱

什么是性格？为什么说性格决定命运？性格如何决定命运？你属于哪一种性格？怎样辨识他人的性格？……性格好像离我们很近，但好像又离我们很远。

了解和认识我们的性格，能让我们更好地认识自己、悦纳自己、善待他人，并不断完善自己；掌握性格的秘密，能让我们拥有幸福快乐的人生。

性格心理学

性格解密与养成

1.1 什么是性格？

1.1.1 从性格名言说起

【性格趣谈】

千百年来，人们对自己和他人性格的探索从来没有停止过。

时至今日，在微博、论坛上，关于性格与星座、性格与血型、性格与生肖等的分析总能吸引众人的眼球。

有人称，从网友微博发布的图片和文字就能判断出这个人的性格。

有人说，通过了解星座、了解星盘能看透你的性格，预测你的命运。

你身边有没有这种能看图、看面相识性格的"大神"？性格真的有他们说得这么神乎其神吗？

性格，在很久以前就引起了人们的好奇和关注，很多先哲和学者尝试分析与研究性格，探索性格的奥秘。

那么，究竟什么是性格呢？先来看看以下几个关于性格的名言：

一个人的性格就是他的命运——赫拉克利特。

性格是一个人看不见的本质——德·穆迪。

性格由习惯演变而来——奥维德。

根据一个人的兴趣可以判断他的性格——歌德。

人的本来性格是他最初习惯的结果——爱尔维修。

关于性格的名言还有很多，这些名人名言从不同的层面和角度对人的性格进行了分析。

我国各时期也有关于性格的探讨：

明代李贽在《读律肤说》中称："性格清澈者音调自然宣畅，性格舒徐者音调自然疏慢。"同朝代的冯梦龙在《醒世恒言》中指出"江山易改，禀性难移"，说明了人的性格的稳定性。

《现代汉语词典》（2005）中解释，性格是个人对人、对事的态度和行为方式上表现出来的心理特点。

现代心理学认为，性格是个人对现实的稳定态度，它不易改变，但具有可塑性。

1.1.2 人格理论

❖ 弗洛伊德人格结构动力理论

奥地利著名心理学家弗洛伊德的人格结构动力理论包括四方面内容（图1-1）。

第 1 章　揭开性格的神秘面纱

```
          弗洛伊德
          人格结构
          动力理论
    ┌────────┬────────┬────────┐
  人格      人格    自我防御    人格
  动力论    结构    机制        发展观
```

图　1-1

弗洛伊德认为，人的性格的核心是内在心理事件，人的行为的发生是因为受到了内在心理事件的影响，行为的动机大多是有意识的。人格结构中，本我是无意识的，自我和超我是有意识的（图 1-2）。性格具有自我防御机制，自我会选择相应的心理策略来避免各种心理冲突。

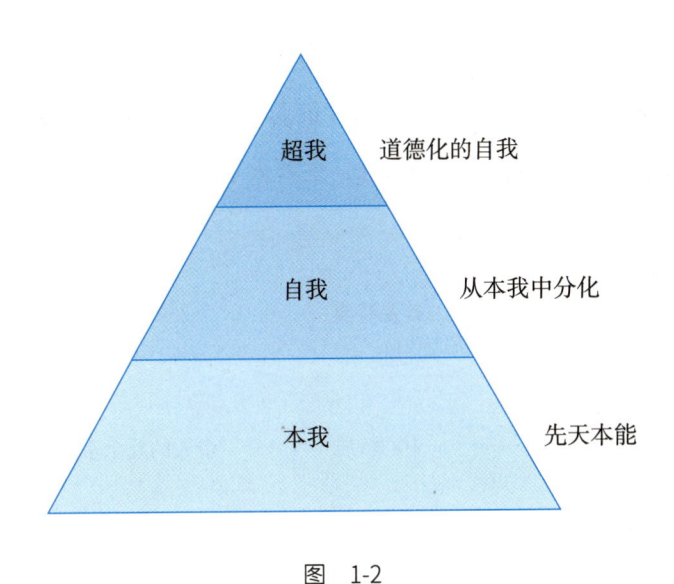

```
        超我    道德化的自我

        自我    从本我中分化

        本我    先天本能
```

图　1-2

弗洛伊德还指出，个体的性格与心理在婴儿时期就已经开始显现并不断

005

发展（表 1-1）。

表 1-1　弗洛伊德关于人的性格发展阶段

发展阶段		表　现
性格发展阶段	年龄阶段	
口唇期	0—1 岁	吸吮产生快感
肛门期	1—3 岁	排泄产生快感
性器期	3—6 岁	孩子依赖父母中异性的一方
潜伏期	6—11 岁	性格发展相对平静
生殖期	11 岁以后	容易叛逆

✤ 奥尔波特人格特质理论

美国人格心理学家奥尔波特把人的特质分为两类，即共同特质和个人特质。前者是某一具体社会文化形态或背景下的群体性格特征，后者是个人身上所表现出来的与众不同的性格特征，主要表现在三个方面（图 1-3）。

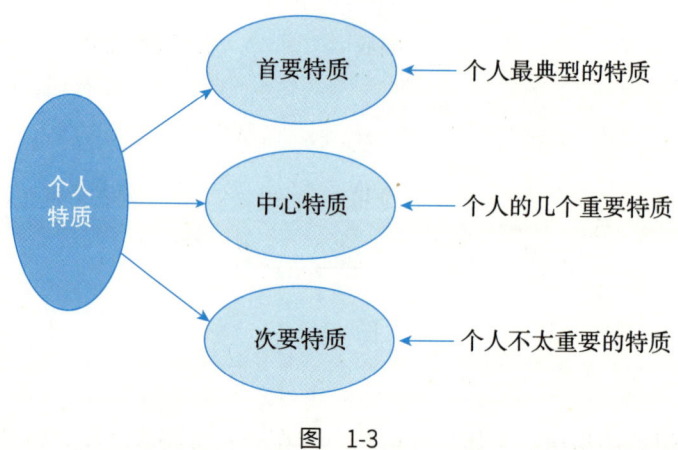

个人特质
- 首要特质 ← 个人最典型的特质
- 中心特质 ← 个人的几个重要特质
- 次要特质 ← 个人不太重要的特质

图　1-3

荣格内—外向人格类型理论

瑞士著名人格心理学家荣格提出内—外向人格类型学说（图1-4）。

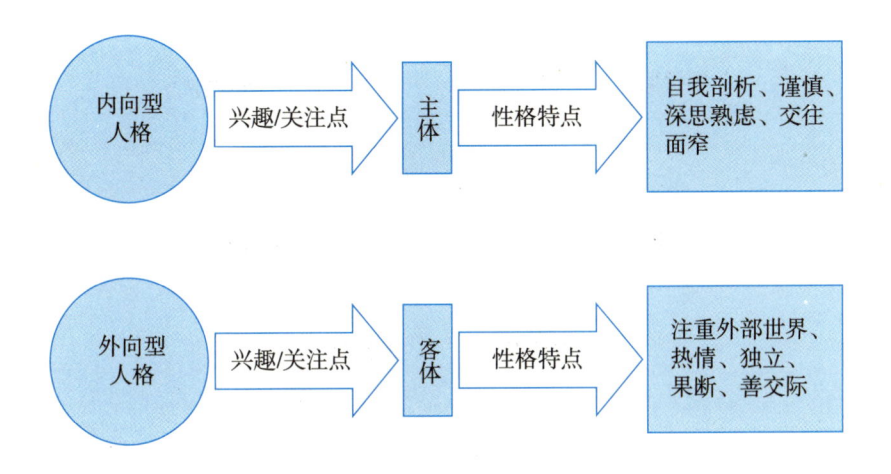

内向型人格 —兴趣/关注点→ 主体 —性格特点→ 自我剖析、谨慎、深思熟虑、交往面窄

外向型人格 —兴趣/关注点→ 客体 —性格特点→ 注重外部世界、热情、独立、果断、善交际

图 1-4

1.1.3 九型人格初探

九型人格（Enneagram）是当前被广泛认可的一种性格分析方法和理论，哈佛大学商学院十分推崇九型人格，并设立了九型人格课程。

相传，九型人格理论产生于公元9世纪，之后，大家逐渐认可将性格分为九种类型的分类方法，并将这种方法用于日常生活中的性格分析，九型人格日益完善。

那么，九型人格到底是哪几种呢？如图1-5所示。

性格心理学：性格解密与养成

```
         完美型
   平和型       助人型
领导型             成就型
         九型
         人格
   享乐型         自我型
      疑惑型  理智型
```

图 1-5

【指点迷津】

九型人格典型表现

学校组织秋游，孩子们正参加户外拓展游戏，这时，突然有一个小男孩从爬梯上摔了下来。

不同性格的家长，他们看到这一幕会有什么反应呢？

完美型家长说："这些器材太破旧了，看样子早就该修了。"

助人型家长说："小朋友没摔疼吧？有没有哪里受伤呀？"

成就型家长说："别担心，我来看看到底怎么回事。"

自我型家长说："我家小宝也摔过，没事，擦破点皮很快就长好了。"

第1章 揭开性格的神秘面纱

理智型家长说:"场地负责人和指导员在哪?他们必须要负责任!"

疑惑型家长说:"爬得好好的,怎么突然摔了呢?是不是太滑了?"

享乐型家长说:"小男子汉快站起来吧!继续爬,我给你加油!"

领导型家长说:"如果摔得严重,必须维权,我认识律师。"

平和型家长说:"大家先别急,一定不会有事的。"

面对同一件事,不同性格的家长都发表了自己的看法,他们各抒己见,出发点不同,看待问题的角度不同,说出来的话也各不相同,是不是很有意思呢?

九型人格包含九个各不相同的性格类型,每一种性格都有自己的独特之处,本书将九型人格中的"各类型人格"亦称为"各类型性格",具体将在本书第二章进行深入解析。

性格心理学

性格解密与养成

1.2 性格的构成

一般认为,性格的结构包括两个方面,即静态结构和动态结构。

从性格构成的各个方面来讲,性格的静态结构又可以进行更进一步细分。图 1-6 可以帮助我们更好地理解性格静态结构及其良好性格特征。

```
                        性格静态结构
        ┌──────────┬──────────┼──────────┬──────────┐
     态度特征    情绪特征    理智特征    意志特征

     忠于祖国    情绪稳定    善于观察    志向远大
     热爱集体    积极乐观    独立思考    勇敢果断
     乐于助人    善于自控    注意集中    坚忍不拔
     正直诚恳              深思熟虑    意志力强
     勤俭节约              客观全面
     文明礼貌
```

图 1-6

性格具有可塑性，它是可以被改变的，也正因如此，性格会呈现出一定的动态结构。

同一个人在不同的情景中，与不同的人相处，受到不同的应激事件的刺激，其性格表现和为人处事方式也会不同。此时，人本身并没有变，性格构成也没有变，只是性格中不同的方面会表现得更加明显或者更加隐蔽，这就很好地解释了性格的动态结构。

【性格揭秘】

性格真的善变吗？

尼洛夫娜是高尔基《母亲》中的母亲，她原本是一个普通的劳动者，是一个温柔的母亲，但因为突发的事件和社会形势骤变，尼洛夫娜迅速成长为一名成熟的革命战士。温柔与坚毅在同一个人身上出现，并不相悖，它们是性格的两个方面，在不同的境遇和情景中，性格的某一方面会表现得特别突出和"强势"。

我们身边的很多朋友也是如此，一个女生在父母和老师的眼中是温柔、小鸟依人的乖乖女，但在她的户外运动社团成员眼中是一个胆大心细、独立果敢的"女汉子"。

性格的"善变"在于，性格的各项特征并非不变的机械组合，不同场合，性格会展现出不同的侧面。

1.3 性格是天生的吗？

【性格趣谈】

俗话说"有其父必有其子""虎父无犬子"，子女的性格会跟父亲或母亲的性格有相似之处。

你的性格更像父亲还是母亲？或者像其他家庭成员？你身边有没有和父母亲性格非常相似的朋友？你喜欢自己的性格吗？你和朋友有讨论过彼此性格的优缺点吗？

心理学家研究认为，性格会受到遗传因素的影响，父母性格与子女性格呈现弱相关的关系，性格遗传率在40%～60%。

在日常生活中，我们经常会听到一些人对他人的性格评价，例如说某人天生就是"开心果"，具有"快乐基因"；某些人天生就忧郁寡欢，像极了林妹妹，具有"抑郁基因"。

德国心理学家斯腾指出，人的心理是内外因素共同影响的结果，受遗传和环境双重作用影响（图1-7）。

性格受先天因素的影响，遗传基因、血型、生理发育等都会影响性格（图1-8）。

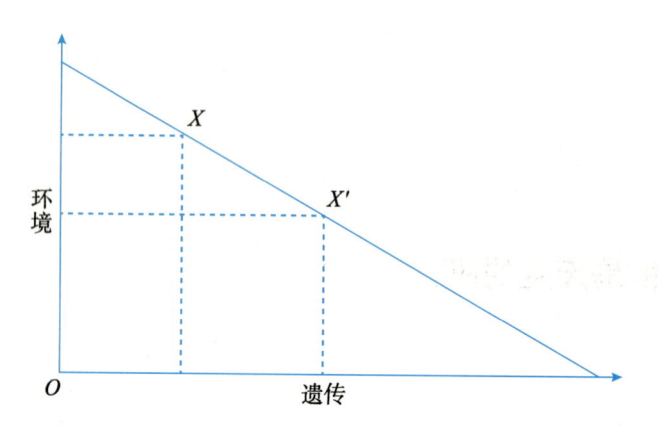

注：X、X′代表不同人的心理，X受环境影响较大，X′受遗传影响较大。

图 1-7

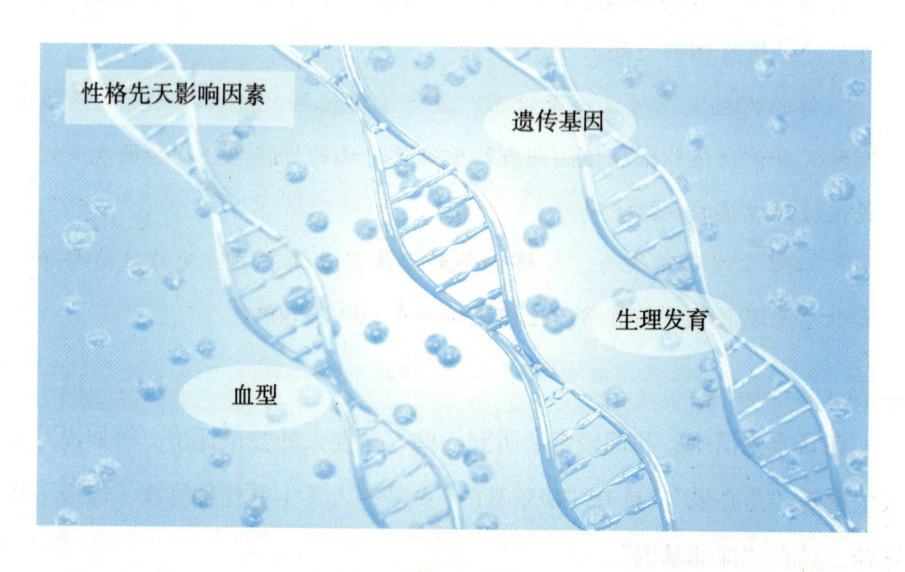

图 1-8

1.3.1 遗传基因与性格

一些遗传基因的存在或缺失可能导致个体的性格具有一定的鲜明特征，说明性格在一定程度上取决于遗传基因。

荷兰遗传学家汉·布鲁纳研究发现，某家族的男性成员存在不同程度的攻击性，容易暴躁，会莫名地被激怒而产生一些疯狂行为。他对此进行进一步研究发现，该家族的易怒、不稳定的性格与遗传因素有关——体内缺少编码单胺氧化酶的基因，这是较早的关于性格与遗传基因关系的证据。

1.3.2 生理发育与性格

有调查发现，一些脑中风的人、脑部受过创伤的人，即便在医学检查中大脑组织没有异常，仍可能会丧失抑制冲动的能力，而发生性格方面的变化，如变得注意力难以集中、拖延、冒进、凡事毫不在乎，这也说明了一个人的性格会受生理因素的影响。先天生理缺陷可能导致一个人的性格缺陷。

1.3.3 血型与性格

从生物学角度讲，血型指血液成分表明的抗原类型。血型因血液抗原形式的不同而表现出一定的遗传性状，进而导致个体的性格发展具有相同血型所特有的、明显的特点。

人类的常见血型有 A、B、AB、O 四种，相同血型的人会在性格方面表现出一定的共性（图 1-9）。

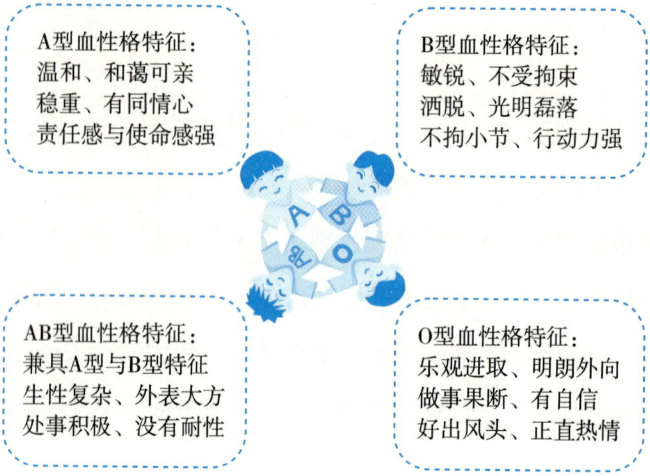

A型血性格特征：
温和、和蔼可亲
稳重、有同情心
责任感与使命感强

B型血性格特征：
敏锐、不受拘束
洒脱、光明磊落
不拘小节、行动力强

AB型血性格特征：
兼具A型与B型特征
生性复杂、外表大方
处事积极、没有耐性

O型血性格特征：
乐观进取、明朗外向
做事果断、有自信
好出风头、正直热情

图 1-9

1.4 性格是后天培养的吗?

英国心理学家哈利·哈洛的恒河猴实验非常有名。小猴子的封闭房间里有两个"母亲",一个是挂有奶瓶的铁丝架"母亲",另一个是布料做成的"母亲",小猴子更长时间会和布料"母亲"待在一起,只有很饿时才会去铁丝架"母亲"那里喝奶,但会很快回到布料"母亲"的怀里。这项实验说明了母亲给予孩子的安全感与母婴接触的重要性,很多心理学家认为实验结果同样适用于人类婴幼儿。

哈洛还进行过一项恒河猴的实验,将小猴子倒吊在小黑屋中,当小猴子恢复自由后,表现出严重的抑郁和精神病理学行为,完全没有猴子该有的机灵和敏捷。

国内外也曾经出现过被长期囚禁的人被解救后无法恢复正常人的状态的新闻。

上述极端案例都说明了后天教养对个体正常发育的重要性,人的性格受先天遗传、后天教育、交往的影响。

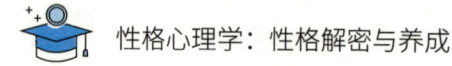

> 【性格趣谈】
>
> 2019年，动画电影《哪吒之魔童降世》燃爆整个夏天，一时间，喊着"我命由我不由天"的哪吒和风度翩翩的敖丙火遍全国。
>
> 敖丙举止儒雅、性格沉静；哪吒调皮捣蛋，性格叛逆。二人的性格带有与生俱来的成分，一正一邪，但后续的发展证明了后天培养对个人性格的塑造与影响之深。
>
> 敖丙从小即背负着拯救龙族的重任，性格沉稳，却也压抑。
>
> 哪吒虽"生而为魔"，却善良、乐于助人，即便被人误解，却始终有一颗做英雄的心。哪吒生长在一个有爱的家庭环境中，亲子关系是平等的、彼此尊重的，父母爱护有加。母亲对哪吒的爱与陪伴自不必说，父亲鼓励哪吒"你是谁只有你自己说了算"。哪吒自信、觉醒，懂得感恩父母，主动担当，最终成为一个少年英雄。

育儿方式、教育方式与性格发展之间关系密切。

性格具有可塑性，后天的良好教养有助于个体良好性格的养成。

1.5 为什么"狼孩"没有性格?

心理学家研究表明,从婴儿时期开始,母亲对孩子的照顾会影响孩子的性格、生活方式、道德观念。由于母亲的生活习惯、行为方式、价值观等会受一定地区的文化的影响,因此在相同文化背景下成长起来的人,他们的思维和行为具有相似性。

我们每一个人的性格中都有生物遗传的延续,但也会受到文化教育与传承的影响。

【性格揭秘】

狼孩卡玛拉和阿玛拉

1920年,在印度,人们在狼窝里发现了两个裸体女孩,大的约七岁,小的约两岁。她们被解救后,人们给她们分别取名卡玛拉和阿玛拉。

阿玛拉在回归人类社会的第二年去世,卡玛拉在17岁时死于伤寒热病,去世时智力只相当于三四岁孩子的智力水平。

> "狼孩"的大脑发育状况接近正常儿童,她们的智力水平却很低,她们不懂人类语言、怕光,不敢面对人群,胆小、孤僻,跟狼的习性相近。这说明基因会影响我们的性格特点,但后天环境和社会文化对我们性格的影响也十分重要。

"狼孩"卡玛拉虽然外表、大脑发育与普通人没有什么不同,但是由于她长期脱离人类社会,智力和大脑功能没有得到充分的开发,没有接受应有的教育,因此无法真正融入人类社会。

从东西方文化的角度来看,东西方文化不同,东方人和西方人的性格特征也有很大的差异。

东方文化重视集体主义,看重团结、奉献、韬光养晦、安土重迁,大多数人羡慕和追求四世同堂的大家庭,兄弟姐妹相互扶持,几代人共享天伦之乐,家庭观念深入人心。西方文化更强调个人主义,崇尚独立、自由,儿童在很小的时候就拥有自己的房间,学习独立用餐、睡觉;父母很少干预子女的事,很多人在老年时会选择独居生活,而不是与子女在一起。

任何一个国家、地区、民族都有属于自己的文化,人类性格的发展离不开社会文化的熏陶。

1.6 双胞胎的性格解密

【性格趣谈】

1992年,一部动作喜剧片《双龙会》在香港上映,引起广泛反响。电影讲述了两个失散多年的双胞胎兄弟马友和玩命巧遇并互换角色的故事。马友从小接受高等教育,成长为一名温文尔雅的音乐家;玩命从小在社会底层摸爬滚打,行为举止稍显粗俗。作为双胞胎,马友和玩命外表相似,但因成长经历不同,即便性格有某些相似之处,但更多地表现出不同。

心理学家托马斯·布沙尔曾经进行过一项研究,寻找从小被分开抚养的双胞胎并对他们进行访谈,以了解双胞胎们的童年经历、兴趣爱好、生活习惯、价值观等,并研究这些相同点或不同点对他们性格的影响,判断从小被分开的双胞胎的性格是否有相似之处,或有哪些不同。

研究结果非常有趣,几乎每一对双胞胎,尽管可能在之前几十年

> 都不知道彼此的存在，但是也能在性格上表现出一定的相似性。他们的相似性都表现为对某种事物感兴趣，具有相同的生活习惯和兴趣爱好。但是，双胞胎也会有明显的不同，尤其是在涉及教育与文化因素时，他们可能会在信仰、价值观等方面表现迥异。

正如前面所提到的，遗传因素和文化因素都对性格有重要的影响。

BBC有一部纪录片《一对分隔在世界两端的中国双胞胎》，记录了一对中国同卵双胞胎姐妹分别被美国的养父母和挪威的养父母收养。尽管彼此生活环境不同，但两人兴趣相投、性情相似，相同的遗传基因使她们具有某些相似的性格特征，能成为知己。

虽然在不同家庭环境、社会环境中成长起来的这对双胞胎，表面看起来都是东方面孔，拥有同样的黄皮肤、黑眼睛，长相也极为相似，但是如果让她们互换身份，恐怕彼此会很难融入对方的生活。可见，在不同的成长环境中，即便是双胞胎，也会有显著的性格差异。

1.7 性格与气质

1.7.1 与生俱来的气质类型和维度

气质（Temperament）是个体的一种稳定的心理特征，这一概念最早由盖伦研究提出。

如果你有机会到医院的新生儿病房去，你就会发现，不同婴儿的气质是不同的，有的婴儿天生活泼好动，有的婴儿天生就平稳安静。

访谈一些有两个孩子或者更多孩子的宝妈们，得到更多的反馈是，她们的孩子性格各不相同，有的孩子更沉稳，有的孩子更活泼，即使是双胞胎，性格也不尽相同，一般会是大宝更安静成熟，二宝更鬼马精灵。

由此可见，个人的气质是与生俱来的。

心理学上对气质分类的代表性观点主要有四大类，如图1-10所示。

现在，气质已经成为研究个体心理学、个体性格的一项重要内容。有学者总结出气质的测定方法，通过对一个人气质的测定可以了解一个人的性格特征。那么，要了解一个人的气质属于哪种类型，需要从哪些方面进行测量呢？这就涉及气质维度的问题。

每个人的气质都是不同的，掌握不同的气质维度（图1-11）有助于我们更进一步地了解和理解气质类型。

EAS模型说 —— A.H·巴斯、普洛明
- 情绪性：个体情绪反应强度
- 活动性：个体能量释放水平
- 交际性：个体人际交往特点

体液说 —— 希波克拉底
- 多血质：体液中血液占优势
- 粘液质：体液中粘液占优势
- 胆汁质：体液中黄胆汁占优势
- 抑郁质：体液中黑胆汁占优势

神经活动说 —— 巴普洛夫
- 多血质：活泼型
- 粘液质：安静型
- 胆汁质：兴奋型
- 抑郁质：抑制性

切斯气质论 —— 斯泰拉·切斯
- 容易型气质：脾气、适应性好
- 困难型气质：活跃、脾气暴躁
- 慢热型气质：内向、适应缓慢

图 1-10

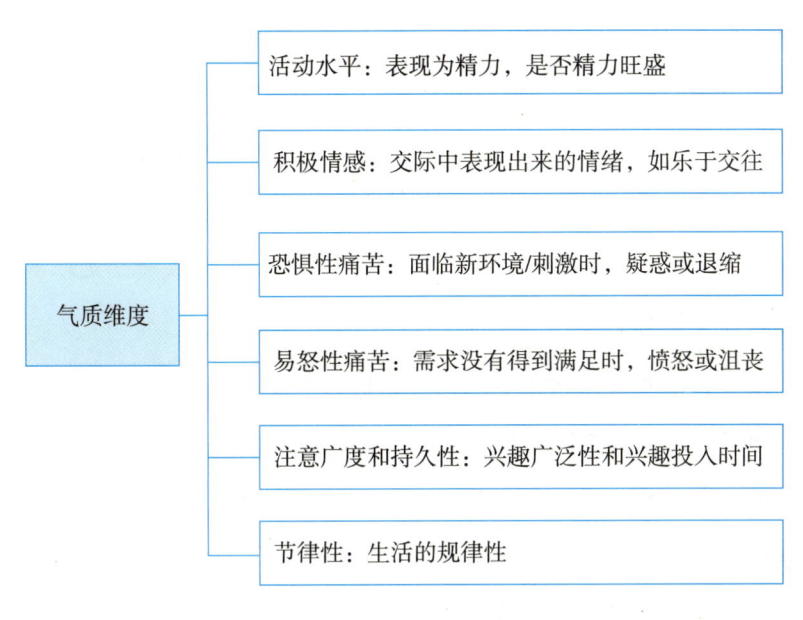

```
                ┌─ 活动水平：表现为精力，是否精力旺盛
                │
                ├─ 积极情感：交际中表现出来的情绪，如乐于交往
                │
                ├─ 恐惧性痛苦：面临新环境/刺激时，疑惑或退缩
   气质维度 ────┤
                ├─ 易怒性痛苦：需求没有得到满足时，愤怒或沮丧
                │
                ├─ 注意广度和持久性：兴趣广泛性和兴趣投入时间
                │
                └─ 节律性：生活的规律性
```

图 1-11

1.7.2 不同气质让性格与众不同

不同气质类型的人会有不同的情绪、情感、行为表现（表1-2），正因如此，才让我们每一个人都与众不同、不可替代。

表 1-2 气质类型与表现

气质类型	情绪表现	情感表现	行为表现
多血质	反应快而多变，敏感	情感迅速、易变，思维敏捷	好动，机敏，有始无终
粘液质	沉着、平静、不易激动	沉静，情感不外露	沉默寡言，胸怀宽广，自制力强
胆汁质	易感动，难平静，易怒	冲动，反应快，但不灵活	活动积极，有创新精神，有毅力
抑郁质	平静，不易动情	脆弱，柔弱易倦	不喜抛头露面，反应迟钝，易伤感、沮丧

【性格揭秘】

"笨小孩"

很多家长发现,自己的孩子在每个学期初,学习成绩总是跟不上,甚至在班里是倒数。

通常,老师会鼓励家长利用课余时间多帮助孩子补习功课。也有老师和家长因为不了解孩子,认为低年级的知识并不难,这么简单的知识都学不会,那孩子一定是个不会学习的"笨小孩",这种想法显然是错误的。

慢热型气质的人常常表现得不活跃,被人认为是害羞和内向,他们对新环境适应缓慢,常常被同伴忽视。一个人一旦表现得内向、适应力差时,常常被否定,他人的疏远和不认可可能进一步导致慢热型气质的人产生自卑心理。

如果我们能了解自己和他人的气质类型,那么就能克服气质中的不足,逐渐改善个性。

1.7.3 测一测你属于哪一类气质

经过长期的研究,现在我们通过测试问卷能大致了解我们的气质,快来测一测你是属于哪一类气质类型的人吧(表1-3)。

表 1-3　气质类型测试

测试说明：
本测试共 60 道选择题，请你根据题目描述选择一个最适合自己的选项。
A 代表"很符合"；B、C 代表"一般"；D 代表"比较不符合"；
E 代表"非常不符合"。

问题描述	选项				
	A	B	C	D	E
1. 做事稳妥，不做没有把握的事					
2. 怒不可遏时，不吐不快					
3. 喜欢自己做事					
4. 能很快适应新环境					
5. 厌恶强烈的刺激，如哭闹					
6. 喜欢挑衅					
7. 喜欢安静					
8. 善于交际					
9. 羡慕情绪自控力强的人					
10. 生活作息有规律					
11. 大多数时候情绪乐观					
12. 和不认识的人在一起总是很拘束					
13. 愤怒时能自控情绪					
14. 总是精力旺盛					
15. 犹豫不决					
16. 在人群中不觉得拘束					
17. 情绪高起高落，高昂时激情满满，低落时意志消沉					
18. 注意力集中					
19. 理解问题总比别人快					
20. 碰到危险会极度恐慌					
21. 对生活、学习、工作有热情					
22. 能从事单调、枯燥的工作					
23. 感兴趣的事情会干劲十足，不感兴趣的事不想碰					
24. 容易情绪波动					
25. 讨厌需要极大耐心的工作					
26. 与人交往不卑不亢					

（续表）

问题描述	选项				
	A	B	C	D	E
27. 喜欢热烈的活动					
28. 喜欢看情感细腻的小说或影视剧					
29. 长时间工作有强烈的厌倦感					
30. 不喜欢空谈，喜欢实干					
31. 不喜欢小声议论，喜欢高谈阔论					
32. 朋友总说我看起来好像不开心					
33. 想问题比别人慢					
34. 短暂的休息后就能"满血复活"					
35. 有心事宁愿自己消化，不愿与人分享					
36. 认准目标就会勇往直前，不达目的不罢休					
37. 做事容易疲倦					
38. 雷厉风行，做事不计后果					
39. 与人探讨问题，总希望对方讲慢一点					
40. 大大咧咧，不愉快的事很快会忘记					
41. 做同样的事，会比别人花费更多时间					
42. 喜欢文体活动					
43. 注意力难转移					
44. 做事时总想快点完成任务					
45. 喜欢墨守成规					
46. 能同时注意几件事情					
47. 情绪低落时极难恢复正常情绪					
48. 喜欢看情节大起大落的小说					
49. 工作认真负责、有始有终					
50. 和家人、同学、同事关系不太好					
51. 喜欢做熟悉的、重复的事情					
52. 喜欢多变的工作					
53. 记忆力好					
54. 和朋友在一起，总忍不住怼两句					

（续表）

问题描述	选项				
	A	B	C	D	E
55. 做游戏反应比别人慢					
56. 头脑灵活，反应灵敏					
57. 喜欢有条理的工作					
58. 容易兴奋，容易失眠					
59. 遇到困难容易情绪低落					
60. 理解问题虽然慢，但能长久的记住，印象深刻					

测试标准：
选A计2分；选B计1分；选C计0分；选D计-1分；选E计-2分。
多血质：计算4、8、11、16、19、23、25、29、34、40、44、46、52、56、59题的得分之和。
粘液质：计算1、7、10、18、22、26、30、33、39、43、45、49、55、57题的得分之和。
胆汁质：计算2、6、9、14、17、21、27、31、36、38、42、48、50、54、58题的得分之和。
抑郁质：计算3、5、12、15、20、24、28、32、35、37、41、47、51、53、60题的得分之和。
哪一种类型的气质得分高，则说明气质更倾向于哪一种或哪几种气质类型。
注：本表部分内容参考 https://www.wjx.cn/jq/36738870.aspx

1.7.4 每一种气质都值得被善待

每一对父母都有"望子成龙""望女成凤"的美好愿望，但是并非每一个人都能成为"龙凤"。

气质虽然是天生的，但是经过后天培养也能发生改变。面对不同气质类型的人，要采用与之匹配的教育方法，只要教养、教育得当，就能使个人的气质发生良性改变，最终拥有幸福快乐的人生。

在职场中，一些特殊的职业和工种，如宇航员、运动员、高空作业者等，工作压力和责任重大，这时，气质特性就决定一个人是否适合该职业。普通职业中，一个人不需要具备特殊的气质特点也能将工作做好，但是如果个人气质特点与工作要求相符，则工作会更轻松，因此不必过分纠结于个人气质类型与特点。不同气质类型的人应充分了解自己的气质特点，学会发挥气质中的优点，只要不断改善不足，就能做到"天生我材必有用"（图1-12）。因此，每一种气质都值得被善待。

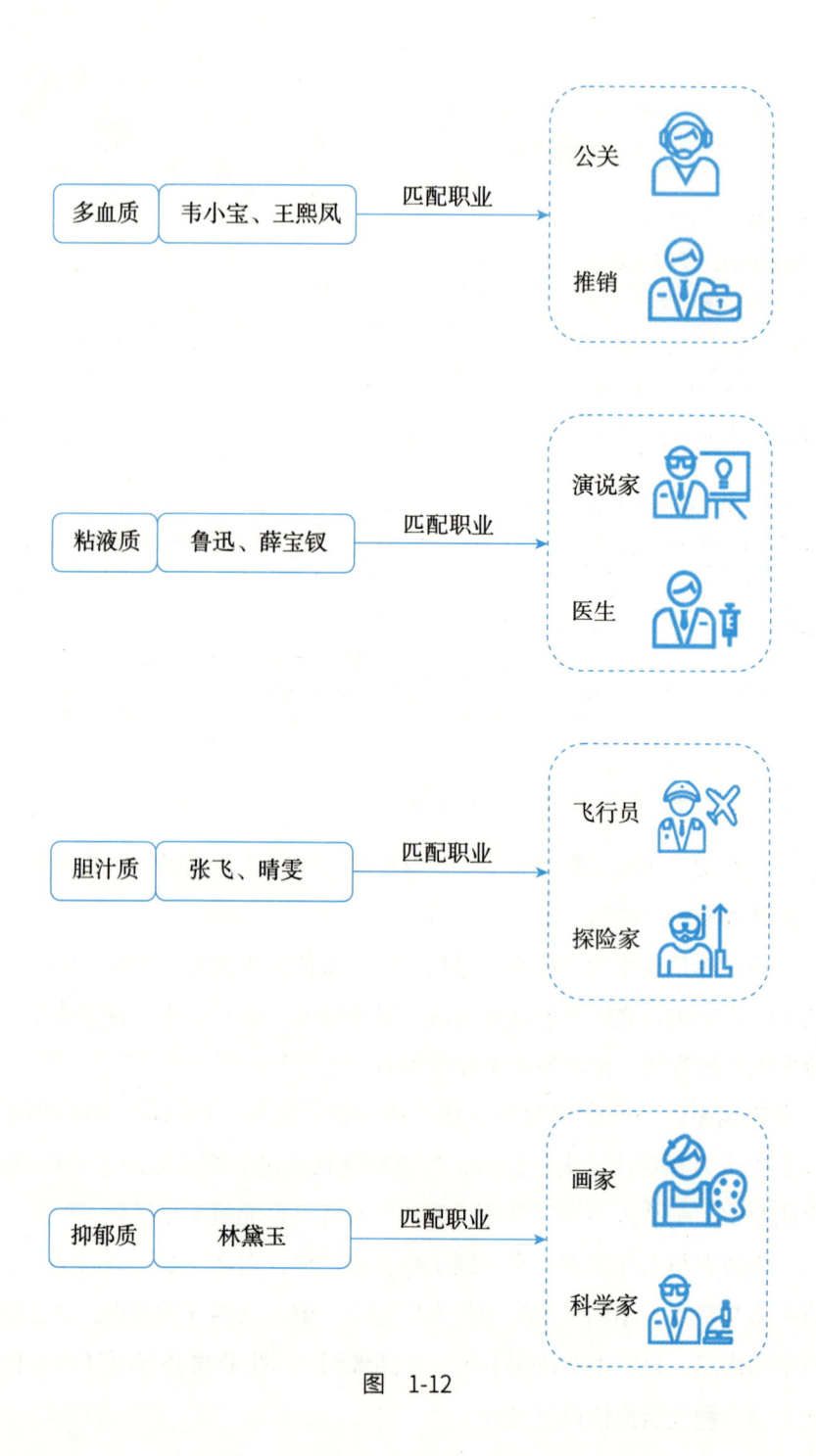

气质类型	代表人物		匹配职业
多血质	韦小宝、王熙凤	匹配职业 →	公关 / 推销
粘液质	鲁迅、薛宝钗	匹配职业 →	演说家 / 医生
胆汁质	张飞、晴雯	匹配职业 →	飞行员 / 探险家
抑郁质	林黛玉	匹配职业 →	画家 / 科学家

图 1-12

1.8 性格真的决定命运吗？

杰克·霍吉说："习惯决定性格，性格决定命运。"性格真的决定命运吗？从很大程度上来说，是的。

我们前面提到性格受先天因素的影响，但更重要的是受后天教养、文化因素的影响。

【指点迷津】

两种性格，不同人生

楚汉之争，最终以项羽自刎江东、刘邦称帝开创大汉王朝结束。

项羽，人称"西楚霸王"，勇猛善战、战无不胜，这样的人，何以落得自刎江东的结局？

刘邦，与项羽这样的"英雄人物"相比，显得非常"小人"，这样的人又何以取得天下？

> 　　从项羽与刘邦的性格分析来看，毫不意外，在他们性格形成的那一刻，就已经决定了他们此后的命运。
>
> 　　项羽忠厚老实，是"战神"。他力大无穷、作战勇猛、犹豫多情、刚猛不屈。鸿门宴上，项羽犹豫不决，动了恻隐之心，终究是放走了刘邦。汉、楚两军相持不下时，两军达成"中分天下"的协议。项羽遵守约定，领军东归，结果被刘邦派兵追击，被围于垓下，仍执拗倔强，不肯过江东，不肯"退一步海阔天空"，看不透"留得青山在，不怕没柴烧"，秉着"英雄只能胜、不能败"的信仰走进死胡同。因一次失败，悲壮自刎，成为千古绝唱的英雄，却再无翻盘机会。
>
> 　　刘邦薄情寡义、能屈能伸，善于斗智巧取。刘邦作战，屡战屡败，但如"打不死的小强"，败了就重新再来。在鸿门宴中，刘邦低三下四，狼狈逃跑，这是项羽这等英雄人物绝不会做的事；项羽威胁刘邦将烹煮其父，刘邦虽投鼠忌器，却也对项羽说"分一杯肉汤"；在"中分天下"协议后，其父被放回，解除后顾之忧后，刘邦立刻决定不能放虎归山，围杀项羽，争得天下。
>
> 　　项羽与刘邦二人的性格不同，最终导致他们的命运截然不同。

　　一个人如果能真正了解自己的性格，学会与自己的性格和平相处，顺从性格去做自己感兴趣的事、擅长的事，那么必然能在某一个行业、某一个领域收获颇多。

【随机提问】

1. 人的性格是一成不变的吗？朋友眼中的你和父母眼中的你一样吗？

2. 你身边有没有双胞胎朋友？他们的性格一样吗？你有没有兄弟姐妹，你们的性格有什么不同？

3. 你是什么血型？你觉得自己最突出的性格特点是什么？

4. 你属于哪一种气质类型？你的理想职业是什么？你现在从事的职业是你喜欢的吗？你觉得你的性格适合你现在从事的职业吗？

性格心理学
性格解密与养成

第 2 章
性格类型：总有一款适合你

每个人都有自己的性格特征（或人格特征，这里认为可通用），深层次挖掘这一特质，不仅能明白"为什么我会这样看待问题"，还能洞察其他人的性格特征。如何辨识隐藏在你身上的最基本的性格类型？它们有何优缺点？接下来，让我们一起探究九大类型人格体系。不同性格各具特色，总有一款属于你！

性格心理学
性格解密与养成

2.1 完美型：没有最好，只有更好

2.1.1 时刻手握戒尺督促自己

完美型性格位列于"九型人格"之首（图 2-1），他们信奉细节能够决定成败，力求将事情做到尽善尽美。完美主义者内心深处都有一套极高的标准，用以制约自身的主观意志和行为方式，并依照这一标准严格自我要求、自我监督，时刻手握戒尺评判自己的言行举止。

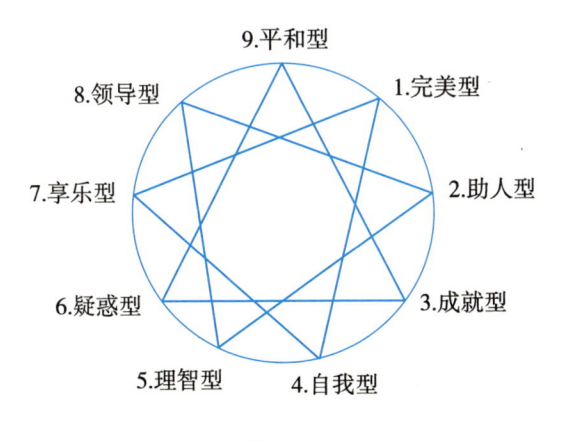

图 2-1

完美型性格的人大都是天生的辩论家，凡是认为不合规矩、不合情理的都会据理力争；他们也是道德楷模，自始至终、一如既往地高标准严要求，不容忽视任何一处细节。

完美主义者的注意力集中在"应该做"和"必须做"的事情上，他们会充分利用业余时间在一些具有建设性或是教育性的事情上进行自我提升，比如，规定午餐必须一口咀嚼十至十五次，乘坐公交车也要保持正确坐姿或站姿……

2.1.2　总是坚信"唯一的正确性"

完美主义性格的人，无论做什么，大都会尽力达到有价值的目标。一般来说，一旦他们认定了某一种观点，便会坚守到底，不做任何妥协和让步。

《西游记》是我国四大文学名著之一，其中的人物非常有趣，每一个人物都个性鲜明。唐僧就是一个完美型性格的人（图 2-2），他始终坚持正确的方向，追求正确的答案，坚持唯一的标准，"唯一的正确性"是他一生为人处事的坚定信条。

完美型性格代表人物：唐僧

图　2-2

但是，完美型性格的人天生具有一定的消极倾向，或许是因为害怕某些错误会破坏"原本可以非常完美"的印象。这类人一般每件事情都要自己做，因为担心别人无法达成自己想要的效果。

完美型性格的人通常不轻易接纳他人的不同意见，这是完美主义者最挑剔和最浪费精力的地方。

其实，在内心深处，完美型性格的人渴求被赞许和被关注，只要那些持不同意见的人愿意主动承认"错误"，他们立刻就会重新接纳对方。

2.1.3 性格形成的可能性原因

缺乏安全感是完美主义者的最大缺陷。安全感缺失的原因有先天及后天两种，后天的原因主要是家庭的环境对其产生的影响。有研究表明，如果父母一方是完美主义者，那么儿女绝大多数也会成为完美主义者。

完美型性格的人，从幼年时期开始，就极度渴望长辈及他人的赞许，从而高标准要求自己做任何事情都近乎完美。他们普遍认为，"如果自己不完美，就不会有人爱"。他们追求极度完美的同时也在鞭策自己，如果没有达成自己既定的成效，那么又会苛责自己，内心深处总是不满。

性格心理学
性格解密与养成

2.2 助人型：我奉献，我快乐

【性格趣谈】

有这样一类人：

他们说话做事让人觉得很舒服，会让人很想亲近他们。

他们非常享受被别人需要和认可的感觉。

可是，他们很少清楚自己需要什么，也不去表达自己的想法。

你身边有没有这样的朋友？你觉得他们性格"古怪"吗？你想要和这样的人做朋友吗？你觉得他们容易相处吗？

2.2.1 积极的助人者

助人型性格的人是"爱心大使"，他们能够快速准确地判断出别人的需要，并调动自己去适应他人，即便因此而放弃自己的需要也在所不惜。

性格心理学：性格解密与养成

应该说，形成助人型性格的决定因素与其高尚的思想品德有关。我们社会中助人型性格人的代表人物为雷锋，雷锋和其他助人型性格的人一样，他最大的行为特征就是"给予"。

现在，在各种活动和场所，我们经常会看到志愿者，他们也大多是助人型性格的人。

在2019—2020年抗击新冠肺炎疫情的过程中，广大医护工作者、安保人员、一线社区工作者、志愿者等，不计个人安危地冲在抗疫一线，肩负重任，舍己奉献，从他们身上，也大都能看到助人型性格特征（图2-3）。

雷锋、抗疫一线人员身上具有助人型人格特点

图 2-3

一般来说，助人者是快乐、开朗、外向与友善自信的，他们喜欢付出大过向别人索要，既具有独立性又很能干，乐于满足他人的需求。

2.2.2 消极的助人者

即使是助人型性格的人，他们都乐于助人，但助人时也难免会衡量自助

042

与助人的关系，会思考其他人的需要，以及自己要做的事情和其他人的需要有什么联系。

消极的助人者总是显得自给自足，特别看重人际关系，寻求别人的赞美，通过对别人的付出来表现出自己的成就，他们具有一种天生看到别人需要的能力，并可以据此调整自己。

消极的助人者对于与人的交往是有选择性的，喜欢挑战难以接近的人。

消极的助人者在不断付出但是仍被对方不在意的时候就会生气，他们希望成为关注的焦点。

性格心理学
性格解密与养成

2.3 成就型：天生我材必有用

【性格趣谈】

对待工作，有些人不思进取，态度懒散，习惯于敷衍了事，而有些人喜欢争强好胜，责任感强，一言不合就化身为工作狂。

关于工作狂效率低下的言论，大多来自不怎么喜欢工作的人。二十出头的年轻人，能够长时间工作靠的是毅力和梦想。年岁再大一点，长时间工作就要考虑家人的感受，在追求效率和家庭幸福指数之间做平衡。

工作时间不是你坐在桌子前面盯着屏幕的时间，而是投入做事情的时间。真正的工作狂不会强迫自己工作多少时间，而是会强迫自己走更远的路。那么，你是否想知道工作狂是什么性格呢？

2.3.1　天生的工作狂

成就型人格的性格特点是什么？成就型性格的人是实践者，追求成就，有强烈的好胜心，常与别人比较，喜欢接受挑战，全心全意去追求一个目标，动力十足。

成就型性格的人的人生重心就是工作，认为一切与工作有冲突的事都应排在工作后面。

对于成就型的人来说，做，永远比感受重要，他们是典型的"变色龙"——在工作中需要成为什么样的角色，他们就会努力将自己打造成什么样的状态。一般成就型的人在工作上比较顺风顺水，一方面是因为他们自己努力，目标感强，另一方面则是因为为了工作他们可以放弃很多东西，其他人很难做到这一点。美国总统里根就是典型的成就型人格。

2.3.2　习惯于用"做"来代替"感觉"

成就型性格的人往往是成功的商人、优秀的医生、合格的恋人，总之他们洞察身边一切别人的需求，很快进入自己需要进入的角色。他们很难清楚地看到自己到底需要什么。对他们来说，自己是否真的开心不重要，重要的是别人觉得我能力强（图2-4）。

虽然成就型性格的人外表光鲜，但是他们中的一些人往往会觉得内心空虚，因为他们总是习惯性地忽略自己的感受，他们在意别人的目光，虚荣心强，享受别人的认可。

图 2-4

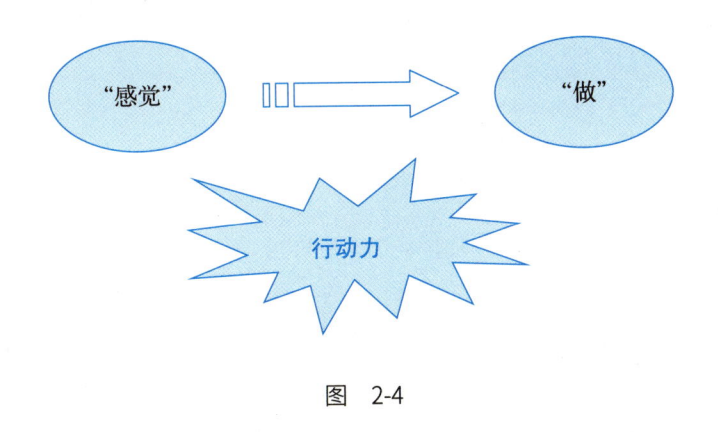

在恋爱方面,成就型性格的人并不是真的在意对方的感受,或者在意自己的感受,而是习惯于看对方的反应,觉得做什么可以让对方开心、满意,他们是以表现来衡量,并不是关注内心的需求。他们觉得爱是来自自己的成就,而不是他们本身,他们习惯了用"做"来代替"感觉"。

总之,成就型性格的人一般是戴着各种"面具"来工作和生活的,虽然表面光鲜亮丽,但是对于自己内心的真实想法和需求往往并不清楚,所以他们需要停下来,客观地面对自己的需求,面对自己,接受自己,而不是一味地追求所谓的成功。

性格心理学
性格解密与养成

2.4 自我型：多愁善感的林妹妹

2.4.1 自我型：会进行自我的反省

自我型性格的人对自己和他人的感情比较敏感，具有同情心和机智谨慎的行事作风，同时也会在为人处世中尊重他人。

自我型性格的人会表现出很强的个人主义色彩，喜欢享受孤独的感觉，并由此来激发自己的创造力，他们还具有一种激发自我与不断进步的能力，可以把自己具有的人生经验变成更具有艺术性的、更有价值的事物，并由此得到升华。

非常有趣的是，如果你善于观察，就会发现，自我型性格的人的穿衣打扮很有自己的个性，不落入俗套。他们对衣服的颜色和搭配都比较讲究，突出一种奇妙的艺术家气质。

自我型性格的人眼光会很柔情，这正是他们多愁善感的性格的外在表现之一。自我型性格的人对于远方的憧憬与期待带有一种既感性又迷人的色彩，他们也非常容易被自己的心情所影响。

> 【指点迷津】
>
> 具有自我型性格的人在沟通方面有以下特点：
>
> 喜欢与人建立坦诚的人际关系。
>
> 常使用情绪化的语言与人分享个人经验。
>
> 是很好的倾听者。
>
> 是有效的影响者。

2.4.2 自我型：抑郁或者兴奋的两极化状态

具有自我型性格的人的情绪经常处于一种抑郁或者兴奋的两极化状态，遇见事情容易激动夸张，在被他人情绪刺激时容易低落。这是因为他们对自己的感受关注不足，也可能对自己的认同不够全面，看到的缺点大于优点。这种看法使得他们容易产生妒忌的情绪，患得患失。

很多自我型性格的人小时候经常受到孤立，所以他们喜欢从别人的认同中来找到自己存在的意义。

实际上，自我型性格的人在内心深处更希望有人来弥补他们空虚的感觉，这种空虚与骄傲之间的"拉扯"使得他们对自己的人生追求格外注重。

自我型性格的人往往表现出比较悲伤的情绪，有时候看到毫无意义的表情符号或者图片都能自发地牵引到自己身上。感情敏感、希望自己与众不同是他们的代名词。

自我型人格喜欢把自己关闭在自己的感情世界里，只关注自己的感情世界，因为他们认为自己在这个世界上是独一无二的。

在人际交往中，自我型性格往往只会关注和别人比自己没有的，而自己有的总是会被忽略掉。因此，自我型性格特点表现为悲情与浪漫、缺失之感、完美、与众不同、独一无二等。

性格心理学
性格解密与养成

2.5 理智型：冲动是魔鬼

【性格揭秘】

1899年5月2日晚，沙皇的宪兵忽然要求进入列宁的住所进行突击检查。列宁表现得十分冷静，面对危险，他没有感到慌乱，而是给士兵们搬来椅子，方便他们站在上面搜查。士兵们对书柜顶层进行了仔细的搜查，一开始他们非常认真地阅读每一页的资料内容，但很快他们失去了耐心，最后随手拨弄纸张然后丢弃到地上，最终一无所获。其实，列宁最重要的秘密文件和与民主人士来往的书信，都放在最下面的抽屉里。列宁冷静应对险境，正是典型的理智型人格的表现。

理智型性格的人思维缜密，条理分明，是非观念清晰。

理智型性格的人还具有以下不易被发掘的特点（图2-5）。

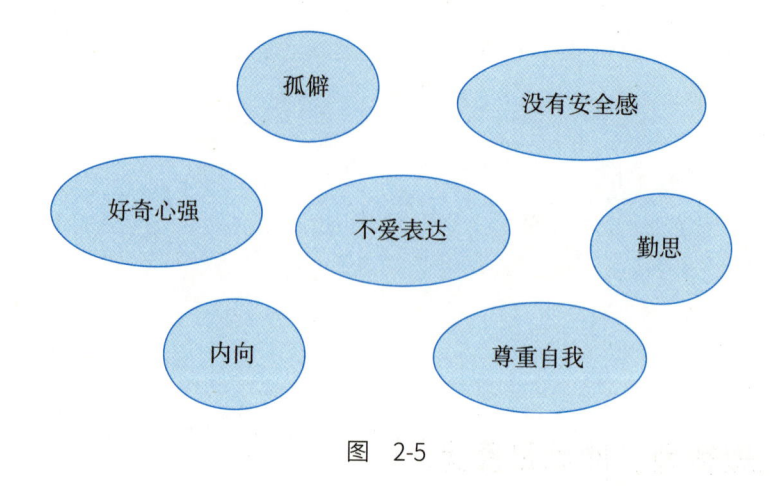

孤僻　没有安全感　好奇心强　不爱表达　勤思　内向　尊重自我

图　2-5

（1）理智型的人其实较为孤僻，他们在做事情的时候喜欢利用逻辑进行缜密分析，从中抽离自己的情感，谨慎思考。他们的物质要求不高，对精神生活比较看重。

（2）理智型性格的人想努力获取更多的知识来了解环境，只有了解了周围事物运行的原则之后，他们才会有安全感。

（3）理智型的人好奇心比别人强，要求也比较多，他们喜欢运用自己的思考来说服和要求别人。这种人的头脑灵活，思维缜密，刻苦认真，可以很好地控制情感。

（4）理智型性格的人通常都比较内向，他们做事情很被动，喜欢探究并关注事物中的细节，思考和计划通常大于行动。一般来说，他们并不喜欢表现出激烈的情绪，主要还是擅长于满足自身的精神世界，喜欢在日常中不断学习、丰富学识。

（5）理智型性格的人并不擅长阿谀奉承，他们很难向别人说出自己内心真正的感受。他们也不太喜欢进行娱乐活动，这就使他们在一定程度上看起来比较木讷。

（6）理智型性格的人喜欢追寻自我感觉，他们喜欢保持自己的独立空间，喜欢锻炼自己解答问题的能力，喜欢设置和执行计划，但这种设置又不能干扰到其正常的生活状态。

（7）理智型性格的人喜欢对抽象概念的事物进行仔细的探讨，构建相应利落的思维框架，他们大多是用脑做事做人。

（8）理智型性格的人喜欢思考，追求知识，为的是要了解这个充满疑惑的世界，他们思维缜密、头脑清晰、喜欢分析、热爱学习。

（9）理智型性格的人喜欢思考多于行动，所以通常来说他们中的很多人都是思维巨人、行动矮子，他们喜欢简单化自己的生活需求，讨厌吵闹，不喜欢与熙熙攘攘的人群接触，最不喜欢的就是做事情被打扰。

性格心理学
性格解密与养成

2.6 疑惑型：行走的问题百科

每个人的性格特点都不同，有一类人总是充满矛盾，他们怀疑一切又敢于牺牲自我。具有这些性格特点（图 2-6）的人就是典型的疑惑型性格。

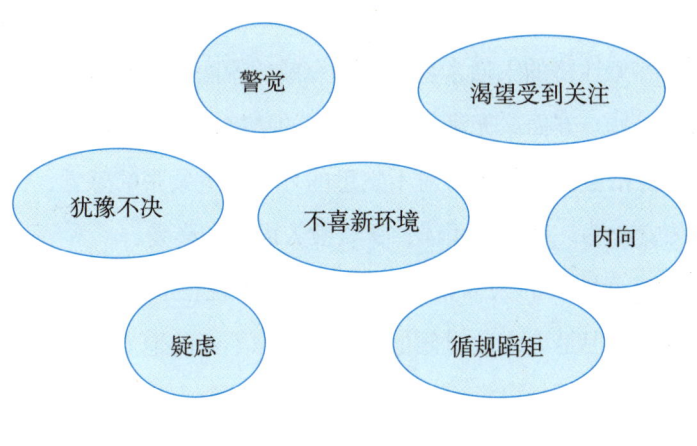

图 2-6

下面为你详细介绍疑惑型性格的人的性格特点。

（1）疑惑型性格的人通常具有很高的警觉性，他们会选择用眼睛观察周围的变化并进行监视，他们喜欢质疑周围的事物，他们的眼睛里常常会表露出不安的情绪。

（2）疑惑型性格的人希望得到别人的关心与保护，他们做事情通常很用心，但是疑虑更多，害怕给自己惹麻烦，所以有时候会被别人说是虚伪。

（3）疑惑型性格的人性格内向，为人保守，关注更多的是未来可能具有的危险与威胁。他们喜欢进行反向思考，而且不会轻易相信别人。尽管如此，他们也希望能够得到其他人的赞赏以及肯定。

（4）疑惑型性格的人在做事情的时候很容易犹豫不决，他们一般会对事情进行认真思考，在意其他人的看法，但同时他们又希望能够得到权威人士的保证。

（5）疑惑型性格的人希望能够受到公平对待，但是又担心别人会因此觉得他们斤斤计较，所以他们会提防别人，保持一定的安全距离。但这可能会让其他人觉得这个人不太容易相处。

（6）疑惑型性格的人在做人做事的时候都是比较小心多疑的，他们更偏向于在群体中尽心尽力，不喜欢别人过度关注他们，也不喜欢到一个新的环境中去。

（7）疑惑型性格的人通常喜欢依据权威的说法来做事情，他们一方面表现得很顺从，另一方面又充满了一种反抗的精神，疑惑型性格是一种矛盾的性格。这种性格会使他们容易对不熟悉的环境产生紧张的感觉，但同时他们又有很强的安全感，很看重团体，喜欢被人需要和喜爱。

（8）疑惑型性格的人因为担心和害怕而表现得非常谨慎不安，他们会忧虑很多事情，但是大多数时候他们都会考虑不好的地方，所以做事情很谨慎。这种对于未来的忧患意识有时候可以保护他们不受到伤害，但是有时候那种过度忧患又会阻碍他们前进。

（9）疑惑型性格的人在事情没有发生前会有很多疑虑和担心，遇上困难时，他们需要较长时间地仔细思考与抉择。

2.7 享乐型：人生得意须尽欢

【性格趣谈】

朋友们聚会经常谈到一些无厘头的话题。例如，餐厅里飞着一只昆虫，大家开始议论这只昆虫雄雌的问题，这时有一个人十分坚持自己的看法，即便是周围的人都达成一致认为是雄的，他一定说是雌的，而且他还会去分析这只昆虫为什么是雌的，大家的争辩会在他的一番言辞后慢慢的显得尴尬。本来只是一个无厘头的话题大家开开玩笑，可他会借着这个话题来发挥自己的"聪明才智"，他会认为别人的思想都不如自己，全然不顾别人的感受，一味地阐述自己的看法。其实，这种以自我感受、自得其乐为中心的性格就是典型的享乐型性格。

"讨论昆虫"案例中提到的高谈阔论者往往具备"享乐型性格"人的人格特征，他们在九型人格中属于主导性思考者，随波逐流往往与他们无关，他们时常会表现得自以为是。他们通常也表现出突出的才思敏锐，总有自己独特的洞察力和解释系统，创新思维就是给他们准备的，当别人拿出一个议题来阐述模式化的观点时，他们总会表现出一种天真烂漫般的执着。不论他们同不同意你的观点，都会把自己的观点阐述得详细明白。

享乐型性格的人还会非常欢喜说出你意想不到的神奇观点，有点脑洞大开的意思。他们更享受过程，而不在乎输赢，所以常常被人们看作不成熟的表现，但是他们也不在乎大家的评论，甚至会嬉皮笑脸地说："我乐意，管得着嘛！"（图 2-7）。

享乐型性格代表人物：猪八戒

图　2-7

享乐型性格的人普遍多才多艺，才思敏锐，他们对此感到无比自豪。他们喜欢自己做事的方法，不服管教是他们的天性，一旦有人居高临下地施压，他们就会产生强烈的逆反心理或行为。

对于享乐型性格的人来说，情绪就像他们生活的调味酒一样，来也匆匆，去也匆匆，只是剧情需要，并不会记在他们的心里。如果回想一下他们发怒的样子，就会觉得那时的他们真是幼稚得可爱。

享乐型性格具有五大特点：

（1）喜欢新奇特的话题或者环境，但那里一定是安全的才行。

（2）从不擅长去做一个长远的计划。

（3）自由是享乐型性格的人追逐的目标，他们不愿意被任何形式束缚，故而他们也不会给恋人轻易做出承诺。

（4）享乐型性格的人都有一个梦想，就是每天都会是创造性的，充满刺激与开心。

（5）任何事情都必须看成快乐的或者说能带来快乐，如果不能，就对这件事情说再见。

根据这几种特点，大致就可以判断一个人是否是享乐型性格了。其实，享乐型性格的人具有强大的执行力，他们如果是老板，那么团队的工作相对就会轻松很多。

性格心理学
性格解密与养成

2.8 领导型："我不要你觉得，我要我觉得"

【性格揭秘】

有这样一类人，他们勇于追求一种养尊处优的生活，一定要活得尊贵，活得充裕，活得富足。他们是抗击困境的铁汉，是家园家人的守护者、守卫者。他们有着强大的意志力，笃信自己可以在未来的人生中迎接各种挑战和处理各种问题，迎来重大的突破。他们不喜欢依靠别人，觉得什么都没有自己来得可靠，因此不断想方设法提升自己的能力。他们对于家人可能没有那么仔细认真，因为不够柔情，所以较难站在家人的立场去思考和解决问题。综上，这一类型的人格特征其实质是典型的领导型。

领导型性格的人喜欢在一些事情上打抱不平，表现出正义感，他们争强好胜，一般在群体里总是喜欢组织活动，并且总是喜欢保护弱小。他们觉得自己是个强大的人，很多弱小者需要自己去捍卫、去保护，所以他们十分乐意成为英雄角色。

在生活中，领导型性格的人经常表现为对生活充满欲望，喜欢得到满足感。他们常常有唯我独尊的感觉，很难听取别人的意见；他们觉得只有强大的人才会得到尊重，所以他们会逼自己成为他们认为的强大的人。

领导型性格的人很容易成为领袖人物，他们一般不惧挑战，经常会表现得越挫越勇。领导型的人格一般目标比较长远，不去苛求一时的成败。他们有着长远的规划，所以他们给人的感觉往往很有威信，让人信服，不容小觑。

虽然领导型性格的人看起来雷厉风行，风风火火，但是在遇到大事情时，他们也会习惯性逃避；他们在好的状态下会表现得乐于助人，但是在压力过大的情况下会退缩，想自己独处。领导型性格的人需要改变的就是：不能独断专行，也不能在愤怒的情况下推卸责任，要兼听则明，控制自己的情绪，只有让自己懂得谦虚，不断进步，才能不断突破自我，成为更好的人。

2.9 平和型：退一步海阔天空

【性格趣谈】

有这样一类人，他们在社交方面非常安静、稳定，朋友非常多，但与这样的人共同生活，有时却会显得平淡无奇，无话可说。

这类人的性格是典型的平和型性格。

平和型性格的人的特点是：待人友善、随遇而安、知足常乐、顺其自然、仁慈耐心、富有同情心（图2-8）。

平和型性格的人的座右铭是：能坐着干嘛要站着？能躺着干嘛要坐着？他们不喜欢冒险、不喜欢挑战，也不喜欢事情脱离他们的掌控。他们与生俱来具有智慧和幽默感，他们是天生的观察者。

平和型性格的人很容易让人觉得力量不强，因为他们总是那么慵懒、没追求，总是选择阻力最小、最不辛苦的路走，他们的自我认同感很低

（图2-8）。

平和型性格代表人物：沙僧

图 2-8

对于平和型性格的人来说，在他们的幼年时期，当他们取得一些成绩时，需要父母的鼓励和奖励。只有家人的认可、支持和肯定，才能帮他们找到生活的意义和自我价值感。

平和型性格的人天生随意放松，没有奋斗的目标和雄心壮志，也没有很强的追求成功的内在动力。所以，在目标设立方面需要父母的协助和激励。父母可以帮孩子把大目标拆分成一些小而容易实现的小目标，然后一步一步慢慢去完成。这样积少成多，大目标自然就可以实现了。

【随机提问】

1. "九型性格/人格"揭示了人们内在最深层次的价值观和注意力焦点，结合本章内容，想一想你是哪种性格类型？

2. 完美型性格最突出的性格特点是什么？又有哪些待改正的地方？完美主义者性格又是怎么形成的？是否与幼年的成长经历有关？

3. 不同类型性格的人有何优缺点？他们的性格对人生发展又有何关键性的影响？

性格心理学
性格解密与养成

第 3 章
性格色彩：破解性格的密码

"色彩"客观上是对人们视觉的一种刺激和象征，从性格心理学角度来说，每个人对色彩的喜好都反映了他们不同的性格特征和心理诉求。你的性格属于哪种颜色？如何破解性格色彩背后的行为特征密码？本章将对性格色彩理论中各种色彩所表现的性格类型、特征以及趋势进行深入探究。

性格心理学

性格解密与养成

3.1 性格与颜色偏好

3.1.1 "医学之父"希波克拉底的"四体液理论"

在古希腊时期的希波克拉底被尊称为"医学之父"。他研究发现，人体由血液、粘液、黄胆、黑胆四种体液构成（图 3-1）。因体液在人体内的不同比例组合造就了不同形态的外在气质表现，相应的，性格特征也有所不同，继而每个人对生活也有着不同的态度。因此，"没有两个完全一样的人，但很多人有着相似的特征。"

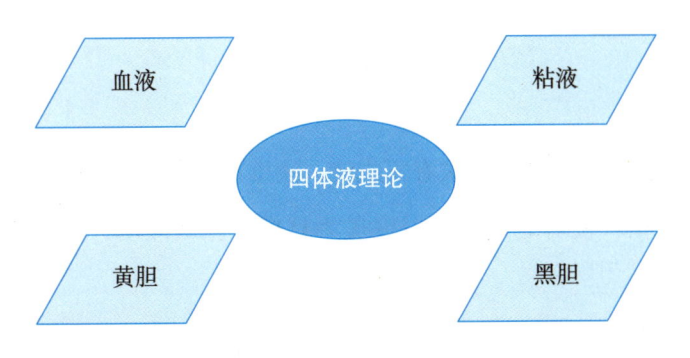

图 3-1

希波克拉底提出了"四体液理论"。他将某些具有乐观、易动特征的人，归类为"多血质"；富有领导力的一类人，归类为"胆汁质"；总是循规蹈矩、感情细腻的一类人，归类为"抑郁质"；那些容易被人领导的一类人，归类为"粘液质"。显而易见，希波克拉底"四体液理论"是"性格色彩学"理论的源头。

3.1.2 哈特曼博士创立了"性格色彩学"理论

美国破译性格色彩密码大师泰勒·哈特曼将人的性格分为红、蓝、黄、绿四种颜色（图3-2）。

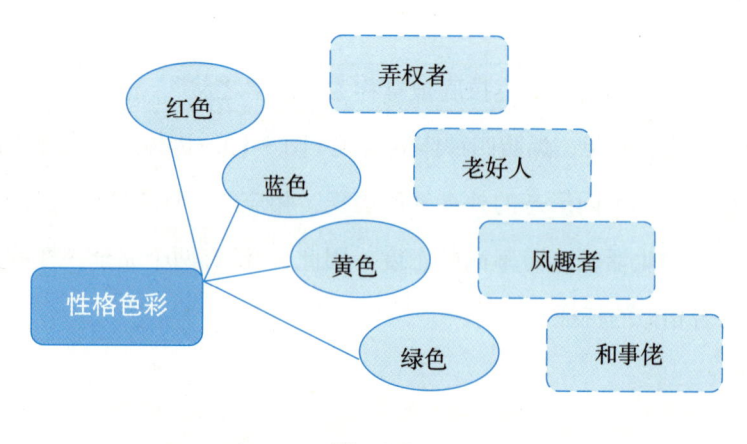

图 3-2

红色性格是弄权者，追求有所成就，注重自己在别人眼中的形象。

蓝色性格代表着老好人，以完美为目标，忠诚谨慎、思考缜密、重视细节。

黄色性格多为风趣者，他们奉行"享受人生快乐"，并以此为座右铭。

绿色性格是和事佬，追求和谐、稳定、友善。

【性格揭秘】

美国工业心理学家贝尔纳多·提拉多提出了一种用色彩快速检测性格的方法，受测者根据自己的喜好挑选不同颜色的笔，对照挑选的颜色可初步判断了解他们的个性特征。每根颜色笔所代表的选择者的性格特征不同，一起来认识下他们及他们的性格特征：

黑色多为感性而富有文艺气质的人；

白色多为在生活上有条理，工作中讲逻辑的人；

红色多为做事果断，韧性十足的人；

蓝色多为可靠之人，思维上简洁清晰，生活中和谐稳定；

绿色多为坦诚之人，他们看重自己的感受和名声；

黄色多为热爱学习的人，总是给人以阳光普照的感觉；

紫色多为特立独行的人，偶有傲慢；

褐色多为友善之人，他们只喜欢稳定的生活，不喜欢浮华。

3.1.3 "大五人格"性格理论

目前，国际上比较公认的人格特质模型标准是"大五人格理论"

（图 3-3），基于五个特质描述人们的性格特征，在做相关测验的时候便可测出每个人的性格分值与特点。

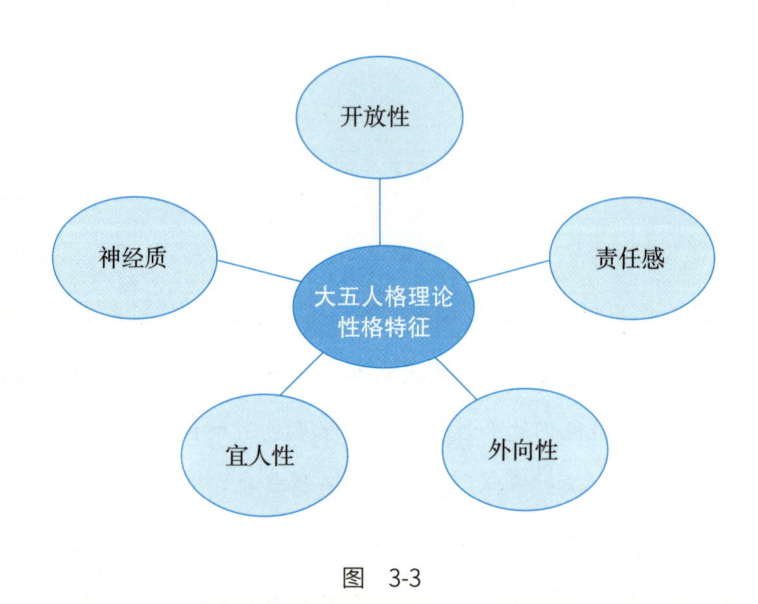

图 3-3

❁ 开放性

典型的开放性的人不满足于停留在原地，喜爱思考、喜欢冒险，不断在打破舒适区。反之，开放性比较低的人倾向于传统，更喜欢熟悉的、已知的事物，喜欢待在舒适区。比如，有的人经常会固执地走一条之前走过的路，而有的人总会探索出多条路线到达目的地。其实，典型的开放性性格的人和开放性比较低的人二者之间没有所谓的好与不好，仅仅性格不同，因而导致的行为举止有所差异。

❁ 责任感

有责任感的人通常喜欢按照规划和秩序做事情，他们不打"无准备之仗"，他们自律、细心，做事井井有条，自我效能感很高。比如，旅行前，他们都要提前安排好行程，甚至会具体到每一天去哪里、吃什么以及每个时间段应该做什么。相反，责任感很低的人倾向于无序、无计划等。

❋ 外向性

外向性的人通常乐观开朗、充满活力，他们爱笑，健谈，喜欢热闹、忙碌的生活，有很强的感染力，经常融入各种社交活动，会给其他人留下不错的第一印象，成为众人关注的焦点。反之，分值低的外向性的人倾向于安静、寡言少语、害羞等状态。

❋ 宜人性

宜人性是温和、友好的代名词。宜人性的人往往乐于助人、有同情心，善解人意以及"利他性"。相反的，低宜人性的人喜欢挑人毛病，总是有意无意地责备他人，完全不顾及他人的感受，对他人的情绪毫无理解和共情。

❋ 神经质

高神经质的人往往容易焦虑和情绪化，容易为一点小事而动怒。因为他们总是爱思前想后，经常忧虑，专注力比较低，经常感到无力和绝望。反之，低神经质的人更有耐心，不容易受到外界的各种诱惑和投射，他们的情绪管理能力较强，尤其是在巨大压力面前，心态更淡定，更容易放松。

【指点迷津】

了解了"大五人格"理论，那么日常生活中应如何运用这一理论呢？首先，要客观地认识自己，可以思考以下三个问题：

第一，如果以 0～5 为基准来打分的话，你可以给自己这五大性格特质各打多少分？从最高分到最低的排列顺序是什么？最高的那一项性格特质，是否符合自己最基本的性格特征？

第二，"大五人格理论"中的性格特质，哪个是你最理想的？依次排列的顺序是什么？为什么这么排？

第三，"大五人格理论"中的性格特质，你最不能接受的是哪一个或哪两个性格特质？为什么？

回答好上面的三个问题，就可以对自己有一个相对清晰的定位。可以说，不论是结交新朋友，抑或是想了解身边的恋人及亲朋，"大五人格"理论都具有很好的参考价值。

近年来，国内外对于"性格色彩学"的研究日益增多，并将这一突出研究成果广泛应用于实践中。比如，有商家通过对产品包装的色彩设计搭配来吸引顾客的关注，激发顾客的购买欲望。

3.2 通过色彩透视他人的性格

色彩有千千万万种，那么如何通过色彩透视他人的性格呢？享誉世界的顶级心理大师泰勒·哈特曼把众多的性格归入红、蓝、黄、绿四种典型的颜色中，下面主要对这四种颜色对应的性格特征作系统梳理。

3.2.1 红色性格：注重逻辑性

红色性格的人不喜欢听别人的意见或建议，凡事要求自己做主。如果家人纵容，他们可能会变得越来越任性，成为比较难管理的一类人。

红色性格的人不喜欢平庸，喜欢挑战，如果没有人出面阻止，他们将坚持到底。

红色性格的人希望成就一番事业。他们做事的动力是追求成功。如果有人阻挡他们的路，他们将进行挑战。他们无论在人生的哪个阶段都是喜欢做一番成就的；他们追求的事情是自认为有意义的，而不是人云亦云地去干一些别人认为好的事情；他们只听从自己的内心。红色性格的人往往是工作狂，常为了有成就感的事情而不懈努力。

红色性格所具有的优缺点如图 3-4 所示。

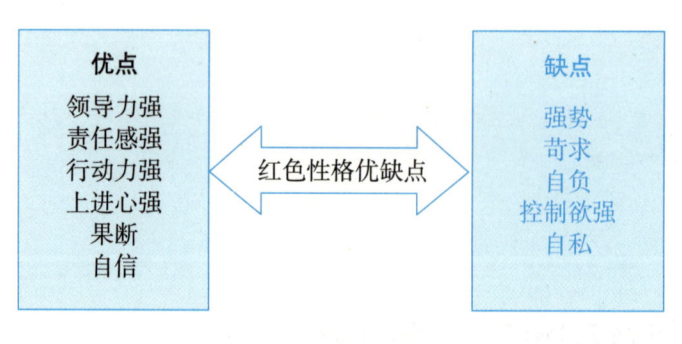

优点
领导力强
责任感强
行动力强
上进心强
果断
自信

⟺ 红色性格优缺点 ⟺

缺点
强势
苛求
自负
控制欲强
自私

图　3-4

红色性格的人渴望被表扬，他们处处彰显自己的独特之处，显示自己知识渊博，希望别人能够从心底里佩服自己。红色性格的人做事比较理性，因此与他们交往时，要保持冷静，提前做好准备工作。

红色性格的人往往喜欢掌控一切，他们在与他人打交道的时候比较注重自身想法和感受，总是试图说服对方，让对方听从自己的想法。

3.2.2　蓝色性格：做对的事情

蓝色性格的人非常重视朋友关系。他们在交往中没有强烈的目的，重视关爱与被关爱的感觉，他们喜欢让自己成为影响他人的人。当他们沉浸在美好的情感中时，非常享受生活，整个人是充满活力、乐观向上的。他们热衷于帮助别人追求幸福，即使自己的利益受损也不在乎。

蓝色性格的人非常善于替别人着想。他们通过自身努力，不断改善自己的生活，并为改善他人生活而不懈努力。他们为了能够为他人谋幸福，承受再多苦累也是愿意的。他们心中总想着他人，乐于为他人奉献一切。他们从来没有"事不关己，高高挂起"的心态。如果一个蓝色性格的人看到你的车坏了，他极有可能主动提出帮忙，并且不要求回报。

蓝色性格所具有的优缺点如图 3-5 所示。

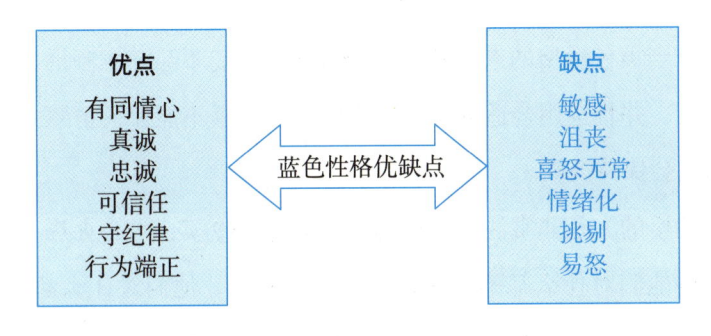

优点
有同情心
真诚
忠诚
可信任
守纪律
行为端正

⟵ 蓝色性格优缺点 ⟶

缺点
敏感
沮丧
喜怒无常
情绪化
挑剔
易怒

图 3-5

蓝色性格的人是完美主义者。他们非常看重公平，他们对自己的道德约束水平比较高，自觉遵守规则，同时也希望别人遵守规则。

如果有人违反公平原则，蓝色性格的人是很难接受的。他们追求极致的公平，有时会忽略个体差异性，甚至有时会"一刀切"。蓝色性格的人喜欢做"对的事情"，这些事情往往在道德层面是被认为应该这样做的，因此他可能会站在道德至高点上对他人进行批评。

3.2.3 黄色性格：享受人生快乐

黄色性格的人喜欢休闲娱乐。他们认为人生的意义就在于享受，在于追求生活的快乐。他们心地善良，喜欢人际交往，充满乐观心态，相信生活的美好。

黄色性格的人喜欢被别人崇拜的感觉。被崇拜、被仰视的感觉可使黄色性格的人充满活力。他们非常渴望被关注，希望得到别人的尊重与认可，在工作中希望得到重用。

黄色性格的人相信未来是美好的，是掌握在自己手中的，他们对未来生活充满期待。

通常，当黄色性格的人心情低落的时候，他们不会随意倾诉，必须要等到合适的人，并且选用合适的方式进行倾诉。如果不能保证情感倾诉足够安全，他们就会保持沉默。

黄色性格的人是非常注重感情的。他们外表冷漠，内心火热。不了解他们的人觉得他们对什么都不在意，其实恰恰相反，他们对什么都是在意的。他们非常注重人与人之间的交往，珍惜人与人交往的感情。

黄色性格所具有的优缺点如图 3-6 所示。

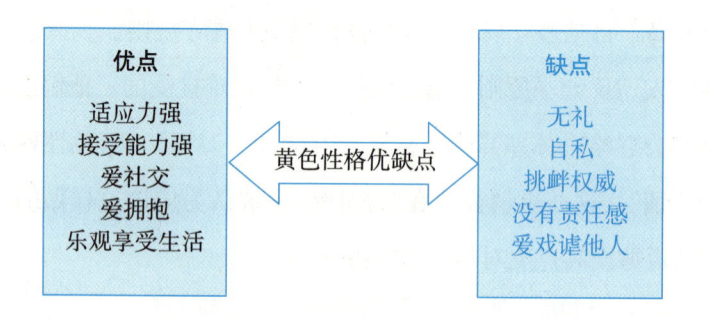

优点		缺点
适应力强 接受能力强 爱社交 爱拥抱 乐观享受生活	黄色性格优缺点	无礼 自私 挑衅权威 没有责任感 爱戏谑他人

图 3-6

黄色性格的人在一定程度上也是工作狂。他们喜欢忙碌的感觉，因为他们也想有所作为，能够闯出一番自己的事业。他们不甘于平静状态，总想用实际行动闯出一番自己的事业。通过忙碌的生活，他们感觉自己处于世界中的中心，由此造就了善于夸夸其谈的性格。

与黄色性格的人相处，你会感受到积极向上的力量，会欣赏到生活的美好，会充分考量自己的人生价值。

3.2.4 绿色性格：以和为贵

绿色性格的人喜欢平静的生活。在这样的生活中，他们不追求闯出一片新天地，而是追求一份平稳的工作，一份安定的生活。

绿色性格的人善良，富有同情心。他们不明白世间为什么有这么多磨难，也不明白为什么有这么多人生活不幸。

绿色性格的人不追求自我。他们喜欢自己的伙伴，更喜欢得到别人的尊敬。他们从不主动向别人索要任何物质，更讨厌别人苛求自己。

绿色性格的人是非常聪明的。他们虽然很少表达自己的想法，但是能够快速理解别人的想法。他们善于抓住事物的本质，掌握事物发展规律，当然，他们身上也具有沉默、顽固的缺点。

绿色性格的人做事缺乏动力，缺乏目标和专注，自制能力弱，做事三分钟热度。他们胆怯，对情感不确定，面对不公平的事情时往往选择随大流而不是勇敢地指出来。

绿色性格的人所具有的优缺点如图 3-7 所示。

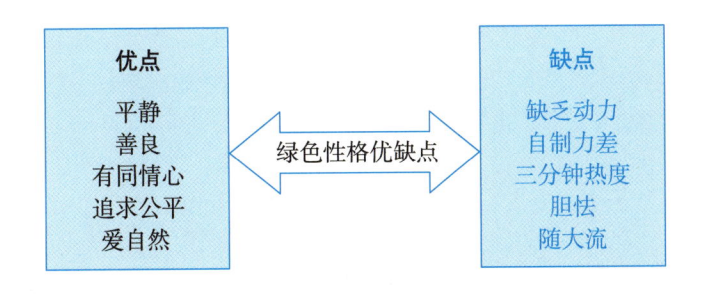

优点	绿色性格优缺点	缺点
平静 善良 有同情心 追求公平 爱自然	⟵⟶	缺乏动力 自制力差 三分钟热度 胆怯 随大流

图 3-7

【性格趣谈】

你在生活中是绿色性格的人吗?

你的身边有没有绿色性格的人呢?他们身上有什么特点?你觉得他们符不符合文中描述的特点呢?

请仔细回想一下与他们的交往经历,反思一下与他们交往的过程,然后与文中内容进行对比,得出自己的结论。

3.3 性格色彩的心理暗示

3.3.1 红色性格心理暗示勇往直前

【性格趣谈】

有一位具有红色性格特征的运动员,在失去双腿的情况下,仍然坚持攀登,最终征服了珠穆朗玛峰。红色性格给予该运动员勇往直前的心理暗示,为他走向成功增添动力并助力他获得成功。

在我们生活中,经常听说一些"神通广大"的人,不管做什么事情,他们都能成功。你身边有没有红色性格的人呢?他的心理暗示是怎样的呢?

在生活中,红色性格的人是无所畏惧、勇往直前的。红色性格的人的心理暗示是积极的、富有远见的,这是他们能够勇往直前的基础(图3-8)。

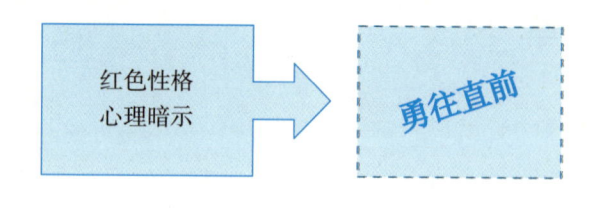

图 3-8

红色性格的人是非常有主见的，他们能够根据自己的经验判断事物发展规律，用积极乐观的生活态度去生活，去努力干事业，并最终得到丰厚的回报。

红色性格的人对生活充满热情，喜欢挑战常人眼中不可能完成的事，进而带来成就感和喜悦感，他们天生就有不服输的劲头。这种精神体现在事业方面，就是渴望追求成功。他们以结果为导向，以成败论英雄，胸怀宽广，勇往直前。

红色性格的人的心理暗示是充满自信的。他们有着强烈的自我认知，总是流露出蓬勃的自信。这种自信处理得好就是阳光积极的，如果过于自信就是刚愎自用，那样就可能有很多人与他们发生争论和冲突了。强大的自信心让他们拥有做正确之事的天赋，这种能力是别人所不能的，这也促使他们不断追求晋升的机会，努力成为领导的核心。

红色性格的人的心理暗示是要做好充足准备，各项策略要准备妥当，不打无把握之仗。

3.3.2 蓝色性格心理暗示追求完美

蓝色性格给人以完美主义的心理暗示，他们善良、有责任心，是一名好公民。他们在生活中充满正能量，满怀同情与爱怜，永远站在道德的制高点上（图 3-9）。

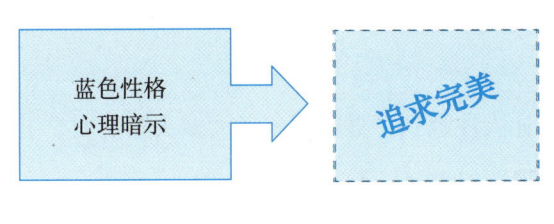

图 3-9

蓝色性格的人总是热衷于关心别人，甚至于其他人的生日他们都记得。他们最大的愿望就是让自己的朋友、同事和家人幸福，并能得到他们的理解与赞赏，这就是完美主义人格的特点。

蓝色性格给人以忠诚的心理暗示。对于蓝色性格的人来说，生活最重要的意义就是许下的诺言。他们对生活和工作都是极其忠诚的。无论是在逆境还是顺境中，他们从不做伤害人际关系的事，这是他们内心的底线。

蓝色性格给人稳妥、有序、善于忍耐的心理暗示。他们热爱激情，认为亲密关系都是生活中美好的东西。他们喜欢体验生活，喜欢富有创意的环境，甘于为重要的成就而牺牲个人。

蓝色性格给人以不信任他人的心理暗示。由于追求完美，他们不信任他人能够将事情做好，因此总是事必躬亲，这样在小范围内做事是非常有效的，一旦工作量加大，个人无法完成时就显得特别劳累，工作效率和质量都会大打折扣。

生活中，蓝色性格的人就如同保护雏鸡的老母鸡，凡事冲锋在前，保护身后的其他人。但是由于总是追求完美和对他人缺乏信任，因此他们往往会固执己见，难以听从别人的意见或建议。

3.3.3　黄色性格心理暗示热爱快乐

黄色很容易让人注意到，喜欢黄色者大多头脑聪明、上进心强，具有非常强烈的探索欲望。

黄色性格给人以热爱生活的快乐心理暗示。他们认为人生就像一场晚会，而他们就是晚会的主持人。他们对生活充满热爱，对未来充满期待，总是以阳光积极的心态投入学习和工作中（图3-10）。

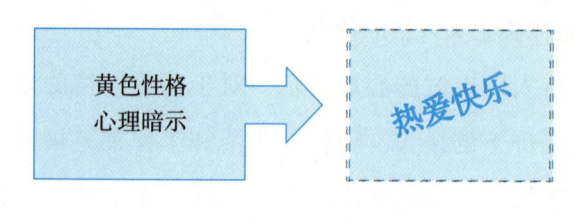

图　3-10

黄色性格给人以冒险的心理暗示。他们喜欢通过做一些有成就感的事情来让别人仰慕自己。如果没有得到重视和关心，这对黄色性格的人来说就是一场灾难性的打击。他们在心理上是极其渴望得到别人关注的。

黄色性格给人以重感情的心理暗示。黄色性格的人经常表现得很冷漠，人们可能觉得他们不在意这些。其实恰恰相反，他们是非常看重感情的，表面上的无所谓其实是为了掩饰内心的迫切需要。这种反差其实展示出黄色性格的人内心是对感情比较渴望的。

黄色性格的人也有一定的性格缺点，那就是他们总是喜欢新事物，这会导致他们做事情经常有始无终。

3.3.4 绿色性格心理暗示守护和平

绿色让人很容易联想到草原、森林、蔬菜等，绿色是一种追求心灵平静和生命希望的颜色。

绿色还是一种护眼色，很多手机屏幕所设置的护眼色都含有绿色的色系成分。绿色的自我保护和与世无争，使得喜欢绿色的人大都在生活和工作中表现出温顺淡定的一面。

绿色性格的人给人以宽容、耐心的心理暗示。绿色性格的人比较能够接受他人的意见或建议，他们没有偏见的喜好，能够与多人融洽相处（图3-11）。

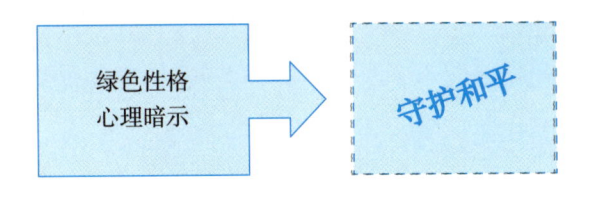

图 3-11

在遇到不平等的事情时，绿色性格的人不是起身反对，而是选择默默忍受。生意场上的绿色性格管理者，以罕见的耐心容忍冲突，想办法宽容别人，他们的目的就是好好工作。

绿色性格的人给人以善良的心理暗示。他们看不得别人遭罪，会满怀同情地关爱他们。

此外，绿色性格的人给人以"圆滑"的心理暗示。在人际交往过程中，他们非常擅长交际，而且应变能力非常好。值得一提的是，喜欢绿色和具有绿色性格的人，大多能与人真诚相处，只是有些"慢热"，在初次见面时，一般不会轻易敞开心扉。

还有一个非常有趣的发现，那就是喜欢绿色的人和倾向绿色性格的人都非常注重健康和享受美食。因此，如果你身边有一个小吃货，在很大程度上他们可能是喜欢绿色的；如果你进一步了解他们，你就会发现，他们是非常简单纯粹的人，追求平淡真实，也会真诚待人。

3.4 性格色彩神奇的治愈力量

3.4.1 充满正气的红色性格

红色是非常有视觉冲击力的一种颜色,是生命的颜色。我们来仔细回想一下哪些事物是红色的,它带给我们什么样的心理感受。

红色象征生命、革命、自由,它被广泛用于国旗上,全世界范围内,有很多国家的国旗中有红色。

绝大多数的果实的颜色是红色的,给人以垂涎欲滴、满足的心理感觉。

女性对红色尤为敏感,她们从小就经常被给予红色系的衣服、玩具和饰品等。

如果你经常购物,你就会发现,很多商家搞活动时,优惠券的颜色无一例外都是红色的。

你一定也会想到,微信红包也是红色的。

在中国,红色是喜庆的颜色。中国红是一种非常有魅力的红色,给人的视觉和心理感受都是非常震撼的,如红灯笼、红对联、红窗花、红色的围巾和衣服、红色的鞭炮、红色的牌楼,这是一种充满正气、满足、归属感和安全感的颜色。

红色性格的人具有红色色彩给人的治愈力量，表现在：红色性格的人给失败者以勇气，给软弱者以力量，能够给周围的人带来阳光，促使人们积极进取，勇于尝试新事物（图3-12）。

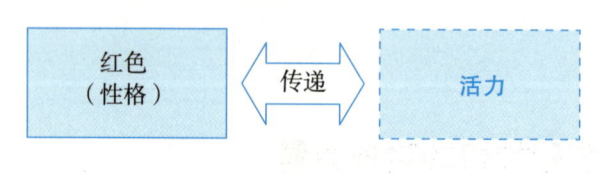

图 3-12

红色可以振奋人心，看到马路上的红灯，会让人猛地警醒；看到红旗，会让人热血沸腾。如果你是一个胆小的人，不妨多看看红色，红色能让你充满活力。

正如红色能产生强烈视觉刺激和心理冲击力，红色性格的人勇敢果断，积极承担责任，天生就具有活力与领导力，能够集中大家的智慧和力量帮扶弱势群体。

在工作中，我们也经常能遇到红色性格的人，他们做事果断，不惧困难，勇于创新，不断创造新的业绩，他们在自己完成任务之后，还会回过头帮没有完成的同事。这样的例子并不少见，我们能够从这些事例中感受红色性格的魅力之处。身为强者不忘帮助弱者，传递的是一种博爱精神，是一种团队精神，这样的红色人格是值得推崇和表扬的。

3.4.2 给人以温暖的蓝色性格

天空是蓝色的,蓝色让人觉得优雅,有亲和力,让人愿意亲近,给人以温暖。

正如蓝色给人的心理感受一样,蓝色性格的人是完美主义者,在生活和工作中,他们能很好地照顾周围人的感受,喜欢分享,让人觉得温暖(图 3-13)。

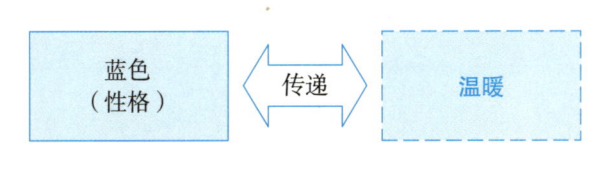

图 3-13

在这里需要特别说明的一点是,每一种色彩都有深色和浅色的区分,蓝色也不例外。

蓝色性格者可结合蓝色色度大致分为两类:

喜欢深蓝色的人大多是温顺的,他们在生活和工作中有时甚至不能坚持自己的主张,在别人看来,他们是有些保守的。

浅蓝色的色彩明度会偏亮一些,与喜欢深蓝色的人相比,喜欢亮蓝色和浅蓝色的人要更显得活泼一些,他们善于表达,积极进取,在人际交往中,是会主动打招呼和照顾朋友的那一类人。

总的来说,蓝色性格的人冷静睿智,做事情会优先考虑他人,不喜欢与人发生争执,工作认真,任劳任怨。因此,具有蓝色性格的人,周围的人大多对他们有较高的评价。

【性格趣谈】

有一位女士，她本身有着强烈的蓝色性格，在与丈夫结婚时，他们在一周内竟在三个城市举行了三次婚礼。

之所以举办三次婚礼，是为了让更多亲朋好友能够感受到结婚的快乐，能够将自己的喜悦分享给大家，同时避免不同城市的亲朋好友奔波劳累，这就是温暖的传递，是幸福的传递，这对于我们是具有启发意义的。

3.4.3　让人快乐的黄色性格

黄色，是非常亮眼的颜色，杂糅在其他颜色中，让人一眼就能看到，给人一种明快的感觉。

具有黄色性格的人，总给人阳光的一面，他们整个人都充满阳光，充满乐观精神，面对生活，渴望得到他人的理解和尊重（图3-14）。

黄色（性格） ⇔ 传递 ⇒ 快乐

图　3-14

黄色性格的人具有不达目标誓不罢休的毅力与自信，他们具有强烈的进取心，能够居安思危，独立性强，危难时刻挺身而出，不易气馁，坚持自己所选择的道路和方向，敢于接受挑战并渴望成功。

具有黄色性格的人对待人生的态度是积极乐观，善于发现快乐。与他们在一起，心情也会变好。其实这就是一种达观的人生态度，胸怀天下才能不拘小节。

3.4.4　让人平静的绿色性格

大自然中，绿色是存在最多的颜色，绿色让人平静、充满希望、生机勃勃，绿色性格的人总能以平静的心态对待他人，不斤斤计较，是"大智若愚"的表现，是社会和谐的推动者（图3-15）。

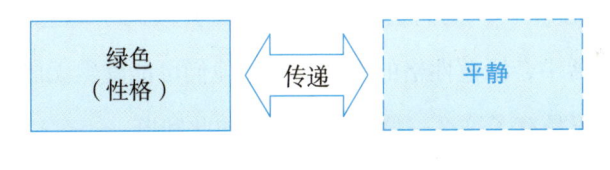

图　3-15

在社会生活中，如果每个人都充满戾气，针尖对麦芒般互不相让，那么社会矛盾也会被激化，人们的幸福感、获得感就会大大降低。当然这不是鼓励大家不争取自己的利益，只是让大家能够严以律己，宽以待人，为社会营造良好的环境氛围。

在工作中，绿色性格的人一般追求工作的稳定性。重视工作氛围，当被领导训诫时，绿色性格的人会仔细思考领导说的话是对还是错，如果老板说的是对的，他们就认真改正，如果老板说的是错的，绿色性格的人一般也不会主动提出来，而是默默接受老板的批评，而后以一颗平常心安安静静做事。

如果在球场上，面对逆风局面，绿色性格的人会冷静分析、不慌不忙地寻找对方破绽，然后找准机会进行反击。在逆境中前进不仅需要毅力，更需要承受挫折的勇气和敢于拼搏的精神。

面对突如其来的压力，绿色性格的人往往先倾听后反应，而不是一听到不好的消息就慌了，然后病急乱投医。面对突发情况时能够仔细探究，找到根源，冷静分析，从根本上解决问题，这就是绿色性格独特的魅力。

在工作中，我们身边哪些人最有可能是绿色性格的人呢？从职业上来讲，从事教师、医疗、销售、研究类工作的人，他们能在自己的职位上做得非常得心应手，他们的性格特征往往会倾向于绿色性格。

在我们生活中，绿色性格的人并不少，他们可能默默无闻，却是不可或缺的，社会上正是有了这么一群人才会变得如此和谐。

如果我们有绿色性格的家人或朋友，就意味着身边多了一个温暖的人，一个不挑剔的人。

第3章 性格色彩：破解性格的密码

【随机提问】

1. 你是否有自己喜爱的颜色？你知道它代表着什么样的性格吗？你了解其他颜色都代表了什么性格及其内在的含义吗？

2. 如果说什么颜色代表什么性格，那性格应该五颜六色的，你知道在你喜欢或是讨厌的颜色中是可以透视出你独特的性格的吗？

3. 在性格色彩学中，红、蓝、黄、绿四种颜色分别是一种性格的代表，你觉得自己更倾向于哪种色彩的性格呢？你身上具有哪些鲜明的色彩性格特质？

性格心理学
性格解密与养成

第 4 章
性格养成：童年的你我他

孩子的心灵是一片净土，播种什么就会收获什么。"父母之爱子，则为之计深远。"所以，爱孩子就要走进孩子的心灵世界，读懂孩子的内心想法，进而培养孩子良好的性格，让孩子的发展之路更宽阔、更通畅。

性格心理学
性格解密与养成

4.1 性格与心理发展的年龄阶段

从孩子呱呱坠地,到孩子蹒跚学步,再到孩子牙牙学语,随着年龄的变化,孩子的行为心理会发生变化,性格也会随之改变。这就需要父母关注孩子的心理发展,并读懂孩子的内心,潜移默化地培养孩子的性格。

4.1.1 孩子的哭声大有深意

【性格趣谈】

不知道《宝贝计划》这部电影你有没有看过。这部电影主要讲述了两个奶爸(人字拖和八达通)带娃的精彩故事。在整个影片中,两个奶爸被孩子的哭声折磨得痛苦不堪,好在最后读懂了孩子的哭声,才和孩子相处得其乐融融。从这个电影中可以看出孩子的哭声大有深意。

> 每个小生命都是伴随着哭声降生的，哭声是他们对这个世界打的第一声招呼，也将是他们未来很长一段时间与人们交流的唯一途径。所以，读懂孩子的哭声，理解孩子的特殊语言很重要。那么，你知道孩子的哭声都代表着哪些含义吗？你能读懂孩子的这种特殊语言吗？

很多人认为，为了防止孩子在婴儿时期就形成任性的脾气，不能孩子一哭就抱起来，就任由他哭吧，哭一阵就不哭了。这种想法并不正确，应该被摒弃。有时候孩子的哭声表达着他们的情绪，代表着他们的情感需求，父母应该耐心体会孩子的情绪，读懂孩子的哭声、姿势和行为，这样才能更好地照顾好孩子，亲子关系也会更加和谐亲密。

比如，在孩子出生后的前三周，孩子的大部分哭声都代表着饥饿，这时的哭声有着特殊的音响效果，低音而富有节奏，模式重复。这时妈妈应该及时喂奶，缓解孩子的饥饿。在喂奶的同时，妈妈可以与孩子说说话，安慰一下孩子，或者赞扬一下孩子，用手抚摸宝宝的脸颊或身体。感受到了妈妈的爱，孩子也会吃得开心。妈妈要注意，避免孩子边哭边吃奶，这样孩子容易呛奶，有损身体。

父母还需要了解的一点是，应根据孩子的个性与气质来把握孩子的喂奶规律，这样不至于导致孩子因饥饿难耐哭个不停，也能避免孩子因过于饥饿而狼吞虎咽地喝奶造成呛奶。当孩子喝完奶之后，可以将孩子竖抱起来，轻拍孩子的后背排气，这样能防止孩子吸入大量的空气。

婴儿不能讲话，因此他们只能用哭声或动作来表达情绪和诉求。图 4-1 为你解读婴儿的哭声与动作。

第 4 章　性格养成：童年的你我他

我渴了	我要换尿布	我想被抱抱	快来陪我玩
不耐烦地哭，带有舔嘴的动作	哭声小，节奏缓慢，带有身体转动的动作	带有撒娇形式的哭声	单独一个人或父母离开时会低声地哭
应及时给宝宝补充水分	应及时给宝宝换尿布，同时安慰宝宝	尝试抱起宝宝，给孩子温暖的怀抱	陪着抱抱玩耍一会儿，比如唱歌，或转动床头玩具

图 4-1

现在你是否对孩子的哭声有些了解了呢？当遇到上述情况时，多体会下孩子的哭声，你的回应会更有针对性。

【指点迷津】

黑白颠倒，夜哭不止

初为父母者，不知道你们有没有遇到这种情况？孩子白天好好喝奶、好好睡觉，可一到夜里就烦躁不安，啼哭不止。你们是不是也为此苦恼不已？不必焦虑，只要找出孩子哭闹的原因，再使用一些适当的应对方法，就能解决孩子夜哭的问题，也能避免孩子因缺乏夜间睡眠而损伤身体，保证大人和孩子安稳地入睡。下面通过图示的方式为你剖析原因，指点方法。

孩子夜哭不止的原因可能有以下几种，如图 4-2 所示。

101

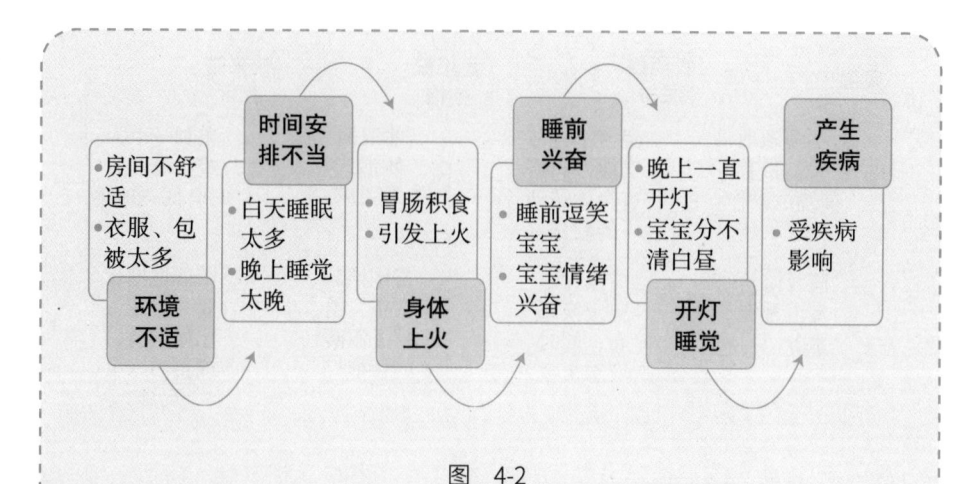

```
环境不适          时间安排不当        身体上火         睡前兴奋         开灯睡觉         产生疾病
·房间不舒适       ·白天睡眠太多      ·胃肠积食        ·睡前逗笑宝宝    ·晚上一直开灯   ·受疾病影响
·衣服、包被太多   ·晚上睡觉太晚      ·引发上火        ·宝宝情绪兴奋    ·宝宝分不清白昼
```

图 4-2

应对孩子夜啼的方法如图 4-3 所示。

创造良好的睡眠环境	白天避免睡太久	避免宝宝吃得太饱
环境安静、气温适宜	宝宝白天睡太久时，父母要及时叫醒他	可以让宝宝少食多餐
被子舒适、睡前排尿	白天陪宝宝多玩一会儿，调整宝宝睡眠	睡前一小时不让宝宝进食

睡前避免玩得太兴奋	睡觉关灯	缓解上火
宝宝睡觉之前让他安静下来	晚上睡觉尽量关灯	尽量以母乳喂养
睡前不要过分逗弄宝宝	如果要开灯，灯光尽量调暗	如果选择奶粉喂养，尽量选择清火的奶粉

图 4-3

> 相信了解了孩子夜啼的原因，再运用恰当的方法加以应对，定能让孩子夜里正常入眠，父母也能安心睡觉。

4.1.2 读懂孩子的脸

一般来说，人们内心的想法会在脸上显露出来，这在孩子身上更加明显。可以说，孩子的喜怒哀乐全都写在了脸上，读懂了孩子的表情，也就能读懂孩子的内心了。这样可以更加周到地照顾孩子的生活，呵护孩子的内心。

你想知道孩子都用什么表情来表达自己的需求吗？下面通过图 4-4 为你揭开谜底。

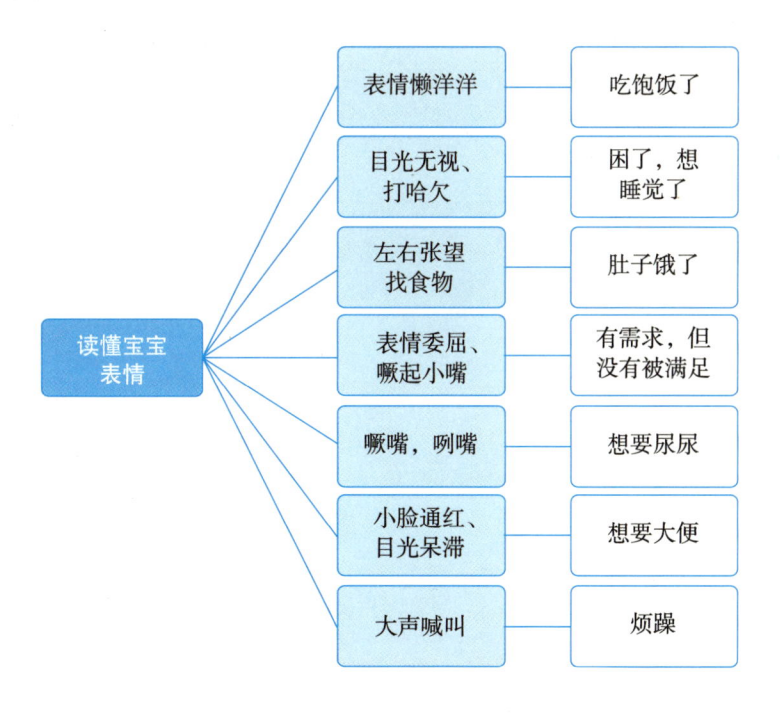

读懂宝宝表情	对应含义
表情懒洋洋	吃饱饭了
目光无视、打哈欠	困了，想睡觉了
左右张望找食物	肚子饿了
表情委屈、噘起小嘴	有需求，但没有被满足
噘嘴，咧嘴	想要尿尿
小脸通红、目光呆滞	想要大便
大声喊叫	烦躁

图 4-4

尽管婴儿不能用语言表达内心，但他们的微表情足以说明一切，所以父母要做的就是认真观察，读懂婴儿的表情，从而更好地照料孩子。

4.2 "会玩"的孩子更聪明

活泼是孩子的天性，他们喜欢嬉笑玩耍，对事物充满好奇，而且精力旺盛，就像一只小鹿一样活蹦乱跳。有些父母对此深感无奈和苦恼。其实没有必要苦恼，应该高兴才对，因为"会玩"的孩子更聪明。

4.2.1 孩子好动爱玩是天性

每个孩子都是活泼的精灵，他们精力旺盛，活泼开朗，似乎不知道什么是累，总是动来动去。对此，相信很多父母都不解和苦恼，为什么孩子这么好动呢？

实际上，孩子好动这一表象的背后还隐藏着深层次的心理需求，了解了孩子的内在心理需求，就能知道孩子为什么好动了，也就能有针对性地对孩子加以引导，促使孩子健康快乐成长。

通常来讲，孩子之所以好动，是受到以下心理的影响（图4-5）。

性格心理学：性格解密与养成

孩子好动的原因：

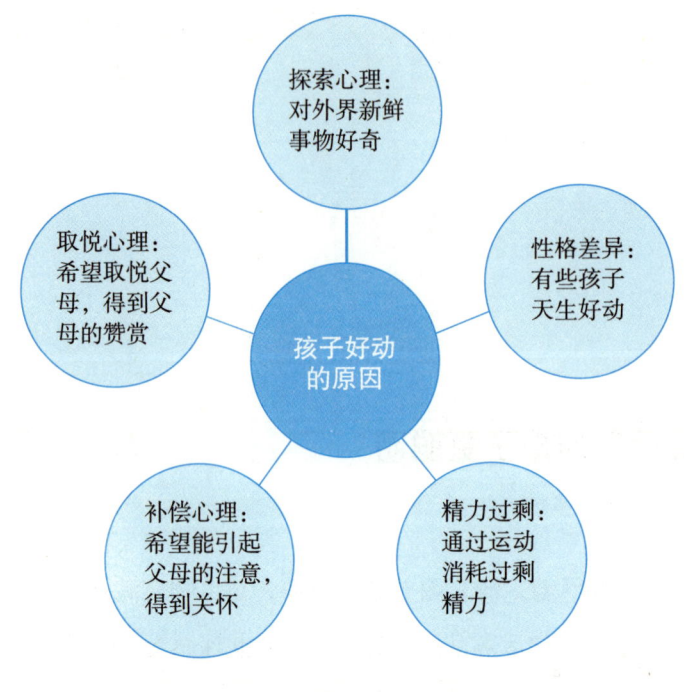

- 探索心理：对外界新鲜事物好奇
- 性格差异：有些孩子天生好动
- 精力过剩：通过运动消耗过剩精力
- 补偿心理：希望能引起父母的注意，得到关怀
- 取悦心理：希望取悦父母，得到父母的赞赏

图 4-5

要知道，孩子天生就是好动的，而且多动本身对孩子的身体和大脑的发育都有好处。当了解了孩子好动的原因，也就能更好地对孩子的行为加以引导了。那么，面对活泼好动的孩子，你应该如何做呢？

与其纠结如何处理，不如让孩子痛痛快快地玩。孩子全身都充满了力量，精力十分旺盛，如果过剩的精力得不到宣泄，不仅会影响孩子身心健康，还会使孩子觉得非常无聊。所以，父母不妨让孩子尽情地玩耍，也可以选择适合孩子的体育项目进行培养。但需要注意的是，父母要仔细照看好孩子，以防孩子发生意外。

孩子好动，并不影响培养孩子的专注力。所以，父母可以引导好动的孩子做一些手工或者画画，并告诉孩子要将每一件事情做好，不能三心二意。

制定规矩可不能少。一方面父母要顺应孩子好动的天性，另一方面父母要为孩子制定规矩，以对孩子的行为进行必要的约束。比如，在某些公共场合不能大声喧哗，以免影响其他人。

【性格揭秘】

好动的孩子就是有多动症吗？

相信很多父母都曾怀疑自己一刻也闲不住的孩子患有多动症。难道，孩子好动就是患了多动症吗？当然不是，孩子好动是他的天性，也是他们精力旺盛和身体健康的表现。如果你不确定孩子到底是单纯的好动，还是真的患有多动症，可以根据表4-1的内容进行鉴别。

表 4-1　好动与多动症的区别

	好动	多动症
在专注力方面	尽管有注意力不集中的情况，但遇到自己感兴趣的事情会十分专注。	没什么兴趣爱好，即便对自己稍微感兴趣的事物，如动画片、玩游戏等，也不能做到专心，做事容易半途而废，很容易受外界影响。
在控制力方面	一般只会在某些场合或某些人面前好动，但在陌生的环境中能够保持安静，接受大人的管束，具有一定的自控能力。	容易冲动，情绪无法稳定，不受大人管束，不具有自控能力，话多且闹腾个不停，与其他孩子在一起时容易发生冲突。
在年龄方面	在幼儿时期比较好动，但随着年龄的增长，好动的情况会逐渐减轻。	无论在什么时期都好动，不会随着年龄的变化有显著改善。

通过上述表格，可初步自行判断孩子到底是天生好动，还是患有多动症。如果发现孩子患有多动症，应及早治疗。

4.2.2 玩，其实是在探索

> 【性格趣谈】
>
> 如果仔细观察孩子走路，你就会发现，他们喜欢走在高低不平的地方，喜欢在水坑里踩。大人的劝说似乎对他们并不起作用，他们总是沉浸其中，十分快乐。
>
> 那你知道孩子为什么喜欢这么做吗？面对孩子的这种行为，你又该如何做呢？

以幼儿时期的孩子为例，在孩子的双脚还不能灵活走路的时候，他们一般通过手去探索事物。当他们可以自由掌控双腿和双脚的时候，他们就开始用双腿和双脚去探索事物。探索的方式就是不停地走路，喜欢走高低不平的地方，这对于孩子来说就像是游戏一样，给他们带来快乐。

父母应该满足孩子探索的需求，让孩子充分释放自己的双腿和双脚，充分享受由此带来的快乐。有些父母认为，任由孩子这样，万一跌倒怎么办？要知道，跌倒是每个人都要经历的事情，只有跌倒之后重新爬起来，孩子才会有新的成长。

其实也不用太过担心，孩子这种行为只是阶段性的，过了这一时期，孩子就不再对行走感兴趣了。所以，趁这个时期，父母应该充分锻炼孩子的行走能力。

4.3 "怪行为"背后的逆反心理

孩子总是时不时地做出一些让父母觉得怪异的行为和动作,比如乱扔东西、开口咬人、伸手打人等。实际上,这些父母认为的"怪行为",都有背后的原因,只有读懂孩子,才能正确地引导孩子。

4.3.1 为什么孩子爱扔东西

【性格趣谈】

如果你有孩子,那么相信你肯定遇到过这种情况:孩子会把手里的东西扔在地上,当你捡起来交给他时,他还会扔掉,而且非常开心;有时会将桌子上、抽屉里的东西扔得到处都是,看到自己的"杰作",他们还会开心大笑。

孩子不断扔东西,父母跟在后面不断收拾,父母烦躁不已,孩子却乐此不疲,你知道这是为什么吗?

在孩子 6—8 个月的时候，会产生扔东西的行为，他们会十分惊喜，认为自己拥有一项大本事，因此会反复这个动作，并且希望引起别人的注意。

扔东西说明孩子能够控制自己的手了，而且他们也意识到了这一点，因此会不断表现自己掌握的这项新技能。实际上，扔东西是孩子成长的必经阶段，也是孩子学习的过程，父母应鼓励和指导孩子，从而促进他们的身心、智力发展。

现在你是不是对孩子扔东西这一行为有了新的认识呢？但是需要注意的是，父母在鼓励孩子这一行为的同时，应进行正确的指导。那你知道该如何正确指导吗？

下面通过表 4-2 来为你具体说明。

表 4-2　正确指导孩子扔东西的方式

多鼓励，少批评	当孩子扔东西时，多跟孩子说一些鼓励的话，如"扔得真远，宝宝力气真大"。不要呵斥孩子，一方面避免孩子将扔东西当成可以引起家长注意的方式，另一方面避免使孩子心灵受伤。
关爱要适度	平时要给予孩子足够的爱与关怀，但是把握好度，如果过分溺爱，一旦孩子有情绪，就会通过扔东西来发泄，这对于良好性格的养成十分不利。
不是什么都能扔	父母要做好监督任务，一些贵重东西或玻璃器皿等要收好，不能被孩子发现，以免造成伤害。
提前为孩子做好准备	可以提前为孩子准备一些不怕扔坏或者不会给孩子造成伤害的玩具，如塑料玩具、橡胶玩具、毛绒玩具等。
不必立刻收拾	当孩子扔掉一个玩具后，不用立刻捡回来，不然孩子以为你是在和他玩游戏，从而玩得更加起劲儿。可以等孩子让你帮他捡时，你再去捡玩具。
参与孩子的游戏	参与宝宝扔东西的游戏，锻炼孩子能力，促进亲子关系。

4.3.2 为什么孩子爱咬人

你是否遇到过孩子咬人的事情？孩子咬人真就说明孩子具有攻击性吗？其实不然，孩子咬人并不代表孩子就有恶意的攻击性。那么，你知道孩子为什么会咬人吗？遇到这种情况时，你又该如何做呢？

❋ **孩子咬人有缘由**

孩子咬人并不是出于攻击心理，而是有原因的。只有了解了孩子这种怪异行为背后的原因，才能更有针对性地引导孩子。图 4-6 为你解析孩子咬人的缘由。

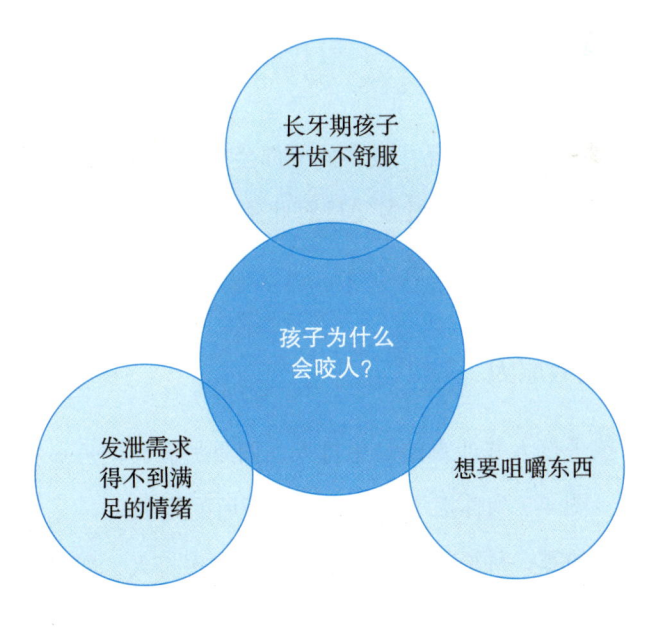

图 4-6

大多数时候,孩子咬人并不是出于恶意,所以父母不要就此认为孩子学坏了,他们只是在用牙齿探索事物。

♣ 应对孩子咬人有方法

在孩子长牙的时候,牙床会有些不舒服,此时父母可以准备一些磨牙棒或者磨牙饼干,让孩子练习咀嚼。

在孩子喜欢咬人的那段时期,父母不用极力去制止孩子的这种行为,可以为孩子准备一些软硬不同的食物或者其他可以咀嚼的东西,让孩子尽情地去咬。

需要注意,在孩子咬人后不要大声呵斥孩子,也不能放任孩子的这种行为不管,否则孩子会形成习惯,以后难以改正。

4.3.3 打人就是坏孩子?

如果留意观察,你会发现,很多孩子都会有一段时期总是爱打人,而且嘴里还说着"打你,打你"。很多父母对此感到很无奈,担心孩子从此变成坏小孩。孩子打人真的就是坏孩子吗?

♣ 打人背后有原因

实际上,孩子打人并非真的是想打人,而是另有原因——孩子可能处在"打人敏感期"。图 4-7 为你揭示了孩子打人背后的原因。

无论是图中的哪一种原因,孩子都不是真的想打人,所以不要轻易给孩子贴上"暴力"或"坏孩子"的标签。

第4章 性格养成：童年的你我他

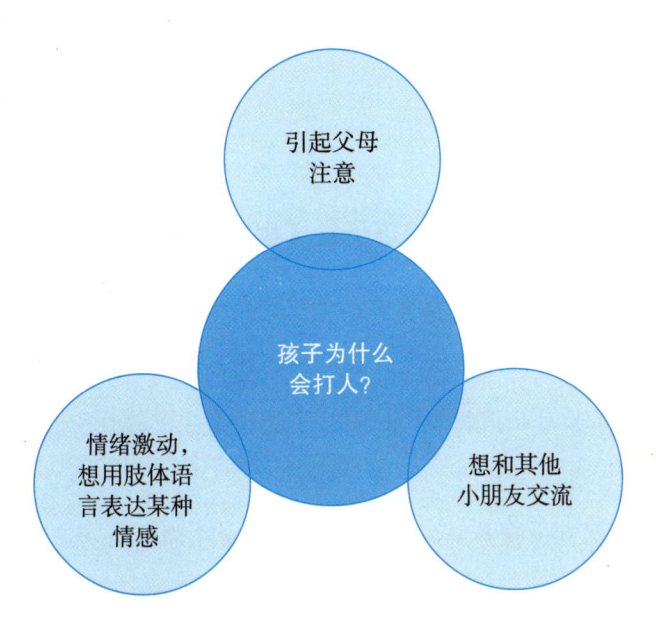

图 4-7

❈ 正确对待孩子的打人行为

当孩子打人时，有些父母反应激烈，这时孩子会觉得打人会让父母关注自己。为了获取父母的关注，孩子就会做出打人的行为。所以，父母不要太过敏感。

父母不应着急为孩子贴上标签，应耐心听取孩子内心的想法和需求。当孩子感受到了父母的爱和理解，打人的行为也就减少了。

实际上，孩子的很多行为都是跟大人学的，父母应该先反省自己是不是为孩子做了不好的示范。此外，父母在日常生活中要为孩子树立好的榜样，引导孩子形成良好的行为习惯。

113

【指点迷津】

要不要给孩子看《奥特曼》？

很多孩子都痴迷于《奥特曼》这部动画片，他们总是对动画片中奥特曼大战怪兽的情节津津乐道，甚至买的玩具都是各种不同的奥特曼和怪兽。很多家长对此很担心，担心孩子受动画片中的打斗情节影响，也会变得好斗，甚至是暴力。

这部带有科幻性质的动画片对于激发孩子的想象力是有一定帮助的，孩子迷恋这部动画片可能是被里面的情节或者炫酷效果所吸引，父母不必太过担心。但是，父母也不应掉以轻心，一旦发现孩子出现学习动画片中的某些暴力打斗行为，应及时加以引导和纠正，并对孩子所看的动画片有所选择，正确引导孩子观看一些积极向上的动画片。

4.3.4 拿别人的东西不一定就是偷

【性格趣谈】

有这样一位苦恼的妈妈，她发现女儿总是把其他小伙伴的玩具拿回家，而且女儿给出的理由是她喜欢这些玩具，就带回家了。这位妈妈告诉女儿拿别人的东西是不对的，以后不要再这么做了。但后来发现，女儿还是会将其他小朋友的玩具带回家。这位妈妈十分苦恼，担心女儿

第4章 性格养成：童年的你我他

养成不好的习惯。

翻开孩子的书包，你有没有发现一些本不属于孩子的玩具或文具？你有没有为此而担心？你真的认为孩子的这种行为就是"偷"吗？

✤ 拿别人的东西可能是因为喜欢

孩子在3岁的时候，经常将别人的东西拿回家，这种行为并不能算作偷，真正意义上的偷发生在6岁至青春期之间。孩子之所以将别人的东西带回家，实际上是因为"占有欲"在捣鬼，随着年龄的增长，"占有欲"会随之减弱和消失。

总体来讲，孩子会将其他小朋友的东西带回家有几种原因（图4-8）。

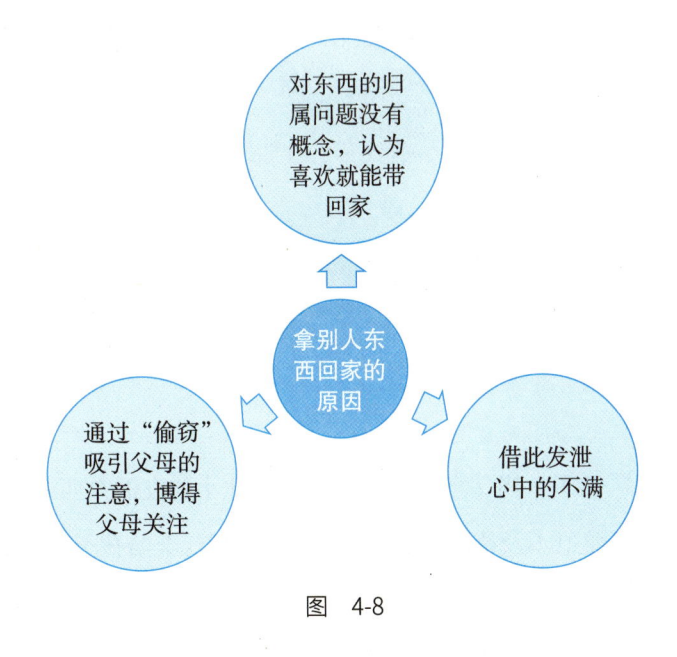

拿别人东西回家的原因：
- 对东西的归属问题没有概念，认为喜欢就能带回家
- 通过"偷窃"吸引父母的注意，博得父母关注
- 借此发泄心中的不满

图 4-8

所以，不要着急为孩子的行为定性，要多了解孩子的内心想法，尝试理解孩子。

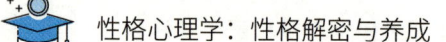

父母管理要讲究方法

尽管孩子拿别人的东西并不是想要偷窃，但父母也不能掉以轻心。如果对孩子的这种行为放任不管，孩子可能会形成习惯。所以，父母要在分析孩子心理原因的基础上，对孩子的这种行为加以制止。那么，父母该如何做呢？下面总结了几种方法（图4-9），可以参考一下。

不"审问"孩子

告诉孩子不能侵占别人的东西

让孩子产生同情心

管教不可太严厉

让孩子归还别人的东西

图 4-9

不"审问"孩子。当父母发现孩子拿了其他小朋友的东西时，要控制好自己的情绪，不要迫不及待地"审问"孩子，否则就会给孩子造成心理压力，迫使孩子撒谎。父母应该心平气和地鼓励孩子说出自己这么做的真实想法。

告诉孩子不能侵占别人的物品。当孩子拿了别人的物品后，父母要告知孩子，只有经物品的主人同意之后才能拿或者玩，如果没有经过物品主人的同意，这种行为就是"偷窃"。

让孩子产生同情心。父母可以告诉孩子，当其他小朋友发现自己的东西不见了，他们会很难过的，以此激发孩子的同情心，这样孩子以后就不会再随便拿别人的东西了。

管教不可太严厉。对于孩子的"偷窃"行为，父母的管教不能太严厉，以免伤害孩子的自尊，使孩子产生逆反心理。

让孩子归还别人的东西。当发现孩子拿了其他小朋友的东西后，父母应该为孩子解释说明一些是非观念，并鼓励孩子将东西归还给小朋友。当孩子明白了一些道理之后，就会自愿归还不属于自己的东西。

父母要正确认识孩子的这种"偷窃"行为，只要父母用对了方法，就能合理矫正孩子的这种行为。

4.3.5 乱写乱画的孩子

你是不是经常为一件事苦恼？那就是孩子常在雪白的墙上胡乱涂鸦，在衣服上乱写乱画。面对孩子的"爱创作"，你该怎么办呢？

✿ 要知道孩子都是"小画家"

只要有笔在手，任何地方都是孩子的画布，到处都是孩子的"作品"。父母不应对此烦恼不已，应理解孩子的行为。要知道，孩子天生就是"小画家"，他们对涂鸦可谓情有独钟，这实际上是他们对未知事物的探索，是创造力的发挥。

孩子在"绘画"时并不满足于纸张，地板、墙面、床单、衣服等更让他们有新鲜感，所以他们不会放过任何可以"绘画"的地方。

实际上，应该看到孩子的这种行为好的一面。在"绘画"过程中，孩子的手会更加灵活，观察能力、想象力和创造力都会得到锻炼。

父母要学会欣赏

涂鸦实际上也是孩子内心的一种表达，父母应以欣赏的目光来看待孩子的行为和"作品"，同时加以引导和帮助。具体来说可以尝试图 4-10 所示的几种方法。

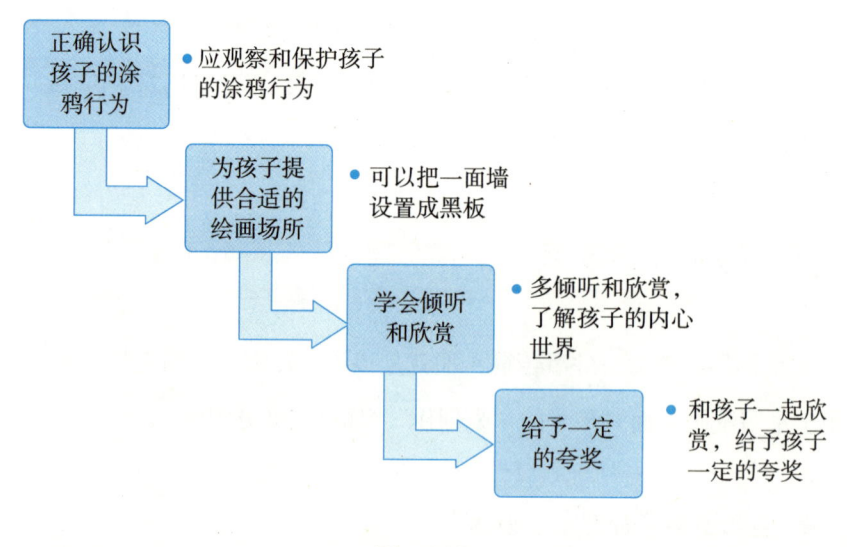

```
正确认识孩子的涂鸦行为 —— 应观察和保护孩子的涂鸦行为
    ↓
为孩子提供合适的绘画场所 —— 可以把一面墙设置成黑板
    ↓
学会倾听和欣赏 —— 多倾听和欣赏，了解孩子的内心世界
    ↓
给予一定的夸奖 —— 和孩子一起欣赏，给予孩子一定的夸奖
```

图 4-10

当孩子在家里乱写乱画时，父母不要责备孩子，应认真观察，带着欣赏的眼光看待孩子的行为，保护孩子的行为。当孩子认为你是赞许和欣赏他的时候，他会愿意和你分享自己的内心世界，也会充分发挥自己的想像力和创造力。

【指点迷津】

保护孩子安全，让孩子更好地"绘画"

父母应保护孩子的"绘画"行为，但也要保护好孩子的安全，因为"绘画"过程中也是存在安全隐患的。

你知道绘画过程中都存在哪些安全隐患吗？面对一些小意外，你知道该如何应对吗？下面就通过图4-11为你指点迷津。

误吞画笔，画笔中的有害物质会影响孩子身体、智力健康发展	• 父母及时带孩子就医，以免孩子受到伤害 • 告知孩子不能吞食画笔，并且监督孩子使用画笔
颜料进入眼睛，孩子眼睛可能会受到感染，对孩子眼睛造成伤害	• 及时冲洗孩子眼睛，然后送医院就医 • 叮嘱孩子用颜料时不能揉眼睛，并且在一旁看护孩子
笔尖扎到眼睛，会对孩子眼睛造成严重伤害，后果不堪设想	• 不能立即拔出笔尖，应托住笔尖，并立即就医 • 告知孩子不能用笔尖接触眼睛，培养孩子的安全意识，并时刻看护孩子

图 4-11

培养孩子的绘画天赋的确重要，但保护孩子的安全更重要，所以在孩子"绘画"的时候，父母要陪伴在孩子左右，保护孩子的安全，一旦发生小意外，应及时做出应对措施。

性格心理学

性格解密与养成

4.4 儿童社交：三岁看大，七岁看老

俗话说："三岁看大，七岁看老。"父母应该知道，较强的社交能力是孩子将来生存和走向成功的重要条件，所以父母应该鼓励孩子多交往，丰富孩子的情感世界，培养孩子的交际能力。

4.4.1 让孩子由不自信走向自信开朗

孩子们的性格气质各不相同，有的孩子性格内向，遇人或遇事会比较害羞，有的孩子则性格外向，能够大胆社交。性格并无好坏之分，但家长千万不能将不自信当作内向，应仔细观察孩子的行为特点，引导孩子喜欢上交际，大胆交际。孩子的可塑性是很强的，只要父母加以正确引导，就可以让孩子由不自信走向自信，喜欢并擅长交际。下面为各位父母提供几种参考方法（图4-12）。

```
提供与人交往的机会
        +
积极进行引导
        +
教给孩子交往技能    →    自信乐观,爱与人交往
        +
多表扬孩子
        +
让孩子参加体育运动
```

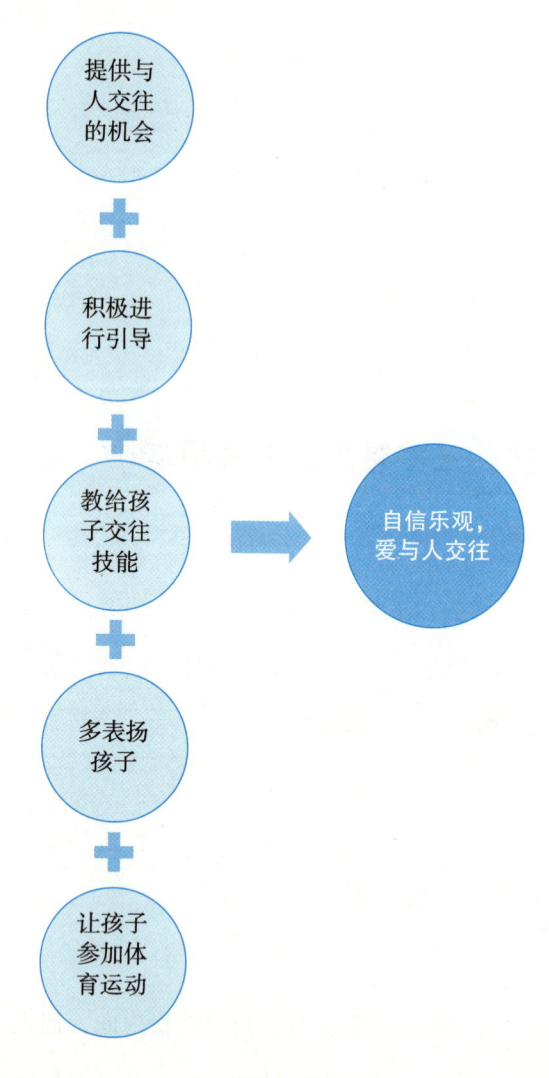

图 4-12

❋ 提供与人交往的机会

要想培养孩子的社交能力,首先要为孩子提供与人交往的机会。可以带着孩子走亲访友,有父母的陪伴,孩子会更有安全感,更愿意与人接触,进而锻炼社交能力。

积极进行引导

如果孩子见人不愿意打招呼，或者表现出害羞，父母尽量不要对别人说自己孩子胆小、害羞、不自信等，这样就等于在强调孩子的弱点，结果孩子会变得更加胆小、害羞和不自信。如果孩子见到其他小朋友不愿意说话时，不要代替孩子说话，也不要勉强孩子，而是应该引导孩子，如对他人说"孩子在家挺开朗的，也喜欢跟人交流"，当孩子听到这些之后就会觉得自己就是这样的，从而愿意主动与人交流。

教给孩子交往的技能

培养孩子社交能力，让孩子掌握交往的技能必不可少。父母可以有意识地教给孩子一些交往技巧，如当孩子想要玩其他小朋友的玩具时，可以教孩子说"哥哥姐姐玩具让我玩一会儿可以吗？""谢谢。"当孩子掌握了一些基本的技巧后，就能更加自如地与人进行交往。

多表扬孩子

当孩子迈出第一步，主动与人交往时，父母应及时做出回应，给予孩子表扬和鼓励。这样孩子会更加自信，更愿意主动与别人交往。

多参加体育运动

运动能够使人更加自信，对发展孩子的交往能力也非常有利。家长不妨多带孩子参加体育运动，一方面可以锻炼孩子的身体，另一方面可以创造孩子与其他小朋友交往的机会。

4.4.2 让孩子学会分享

为什么要让孩子学会分享？因为孩子将来要走向社会的大集体，要进行群体生活，只有懂得分享，才能获得别人的尊重和支持，而且自己也能从中获得快乐。

但有些孩子不愿意与人分享，他们从小被父母溺爱，多少有些自私自利，这对于孩子将来成为一名合格的社会人十分不利。

那么，父母如何培养孩子的分享意识呢？不妨采用图 4-13 所示的几种方法。

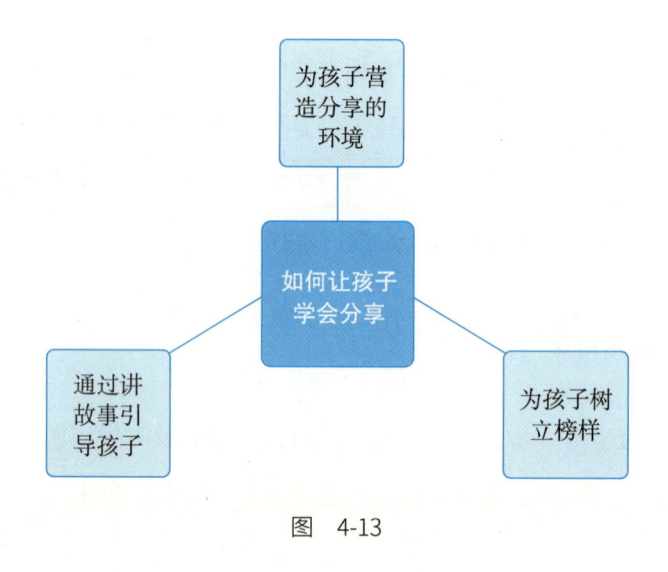

图 4-13

🍀 **为孩子营造分享的环境**

在家庭中可以教育孩子尊老爱幼，以此来引导孩子分享。例如，当有好吃的食物时，引导孩子先让爷爷、奶奶吃，让孩子在潜移默化中养成分享习惯。

🍀 通过讲故事引导孩子

父母可以在闲暇时间,如孩子睡觉前给孩子讲述一些关于谦逊、分享的故事,这样可以让孩子形成分享意识,懂得谦让,从而愿意与人分享。

🍀 为孩子树立榜样

在日常生活中,父母的言行举止和情感态度都会对孩子产生潜移默化的影响。

父母要让孩子知道,分享是一种美德,并鼓励孩子分享物质、分享喜悦、分享成功等。

4.4.3 让孩子文明懂礼

【性格趣谈】

我们在电视剧中有时会看到这样的情节,两个人走路时因为不小心相互碰撞了一下,结果谁也不先说对不起,甚至还口出脏话,最后大打出手。电视剧中的情节在现实生活中也十分常见,毕竟艺术源于生活。

如果你是孩子家长,面对孩子说脏话的行为又该怎么做呢?

文明礼貌直接影响着人际关系,如果一个人不讲文明不注意礼貌,那么将不会有人愿意与他交流。所以,父母要引导孩子讲文明懂礼貌,而且要教导孩子不能讲脏话,让孩子知道,满嘴脏话的人是不会收获友谊的,也不会被人尊重。

当孩子总是说脏话的时候,你又该如何来引导孩子呢?

下面就通过图 4-14 来为你提供几种方法。

图 4-14

❋ 为孩子分析脏话内容

当听到孩子说脏话后,不要着急去责备孩子,应冷静处理,以缓和的语气为孩子分析脏话的内容。要注意方法,以免让孩子不耐烦,起不到教育的作用。

❋ 为孩子做示范

当父母在生活中语出不雅时,孩子就会模仿。所以,父母要以身作则,并与孩子相互监督。如果父母在孩子面前说了不文明的词语时,要及时承认错误,并加以改正,这样可以加深孩子不能说脏话的印象。

第 4 章 性格养成：童年的你我他

❁ **让孩子知道一些基本礼仪知识**

父母应经常为孩子灌输一些基本礼仪知识，如见到人要打招呼，在离别的时候说再见，与人交谈时要体现出对对方的尊重。长此以往，孩子就会形成讲文明、懂礼貌的意识和习惯。

必须让孩子知道，要想更好地进行社交，最基本的要求就是要做到懂礼貌，也就是言行举止文明有礼。如果言行失礼，不懂得尊重他人，是不可能收获朋友和友谊的，也将无法顺利地进行社交活动。所以，父母不能忽视这一点，应重视对孩子社交礼仪的培养，这对孩子形成外向、开朗的性格也有积极的帮助作用。

【随机提问】

1. 你知道孩子喜欢通过什么方式和大人交流吗？你能读懂孩子的哭声和面部表情吗？

2. 你知道孩子天生就是好动的吗？你知道他们玩的过程也是在学习吗？

3. 你见过孩子的哪些"怪行为"呢？你知道孩子的这些"怪行为"背后的心理原因吗？

4. 你知道儿童也是需要社交的吗？你知道儿童社交对其性格的影响吗？你为培养孩子的社交能力做过哪些事情呢？

性格心理学
性格解密与养成

第 5 章
性格塑造：家庭心理成长画像

每个孩子的健康成长都离不开良好的家庭环境，父母的性格、脾气以及家庭成员之间的关系等都会影响孩子性格的养成。身为父母，人生最大的幸福莫过于看到孩子健康快乐地成长。下面我们就重点探讨父母应该如何塑造孩子性格。

性格心理学
性格解密与养成

5.1 亲子关系的类型

5.1.1 什么是亲子关系

什么是亲子关系呢？不同层面的亲子关系所指不同（图 5-1）。

从字面上来讲，亲子关系指父母子女关系。

遗传学上的亲子关系包含血缘关系、非血缘关系。

法律上的亲子关系指父母和子女间的权利、义务关系。

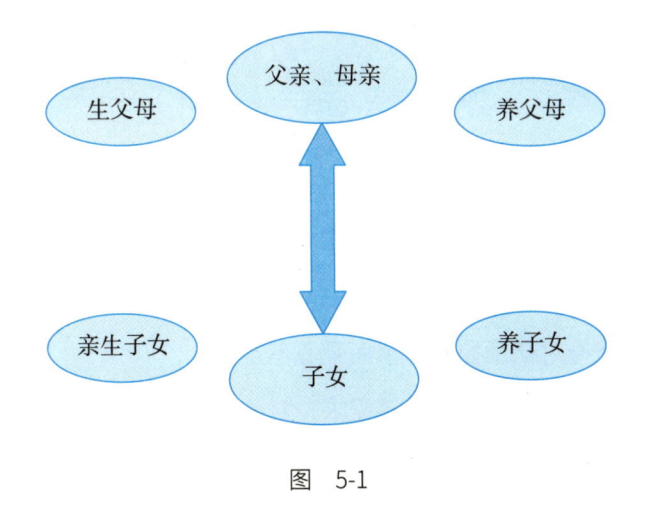

图 5-1

亲子关系，对于一个人的健康心理和未来发展具有重要影响。

5.1.2 亲子关系的类型

父亲、母亲、孩子组成了一个家庭，每个家庭都有着各自不同的亲子关系类型。根据国内外的研究，从父母控制和爱孩子的维度看，亲子关系通常可分为四种类型（图 5-2）。

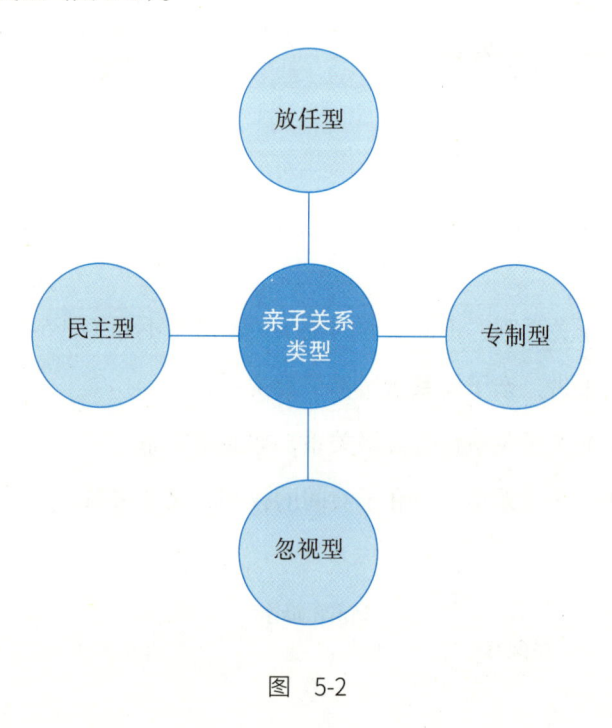

图 5-2

放任型：父母过分宠爱孩子，有求必应，但对孩子身上的缺点持放任自流、不过问的态度。

专制型：父母对孩子控制有余而爱心不足。

忽视型：父母忽视孩子的情感需求，对孩子缺乏关爱、了解和沟通。

民主型：父母以民主、平等的态度对待孩子，对孩子有一定的控制，尊重孩子的需求，鼓励孩子独立自主。

就生物、社会、心理的维度而言，亲子关系类型大体上可分为七种（表 5-1）。

表 5-1 不同维度的亲子关系类型

类型	生物的	社会的	心理的	说明
A	√	√	√	血缘亲子关系
B	√	√	×	血缘亲子关系，却无心理沟通
C	√	×	√	有血缘关系，有心理沟通，但未入户籍者，如非婚子女
D	×	√	√	收养关系
E	√	×	×	有血缘关系，无社会、心理的关联
F	×	√	×	名义上的亲子关系
G	×	×	√	约诺亲子关系，如干儿女

A 型——血缘亲子关系，在生物学上体现为血缘关系，在法律上受保护，在心理上相互依赖。

B 型——血缘亲子关系，但无心理沟通，虽然在生物学上有血缘关系，也受法律上的保护，但在心理层面上缺乏交流沟通。具体包括：一是不孝的儿子（女儿），不给父母好脸色，甚至打骂父母、虐待父母；二是狠心的父母，不关心子女，在管教孩子方面简单粗暴，近乎残酷无情，甚至虐待他们。

C 型——血缘关系，有心理沟通，但户籍上未入籍，如非婚、离异亲子。这类关系包括两种情况：一是非婚姻的亲子关系，无名有实，但在社会上不被认可，在法律上不受保护；二是离婚后的亲子关系，有名有实，虽然受法律保护，但对孩子的健康成长会带来不利影响。

D型——收养关系，虽然在生物学上没有血缘关系，但是受法律保护，被收养的子女与养父母在情感上存在依赖关系。

E型——生物学上的血缘关系，但不受法律保护，子女对亲生父母不存在依赖关系。

F型——非典型的亲子关系，在生物学上既不存在血缘关系，在法律上不受保护，在心理上也不存在相互依赖，如过继子女。

G型——非常罕见，双方完全处于情感需要、相互认可，但在生物学上不存在血缘关系，在法律上不受保护，如干爸、干妈、干儿子、干女儿等。

5.2 性格与亲子关系

5.2.1 亲子关系影响性格

亲子关系会伴随孩子的一生，对孩子以后的人生会产生潜移默化的影响。从一个人的幼年开始，亲子关系就已经在开始影响人的性格成长与发展了。

如果父母能与子女建立和谐的亲子关系（图 5-3），就会促使孩子形成良好的性格特征，如友爱、善良、开朗、勇敢、善于表达等。

图 5-3

反之，如果父母缺乏教育孩子的经验和方法，亲子关系紧张，孩子就可能会形成不合群、孤僻、任性、冷漠等不良性格。

亲子关系具有极强的人格塑造性，直接决定了孩子性格的发展趋向。亲子关系对孩子的性格塑造非常重要。

5.2.2 亲子关系塑造性格的密码

积极心理学之父马丁·塞利格曼认为："教养孩子绝不仅仅只是修正他的缺点，还要发掘他的优势与美德……使他的积极人格特质得以全面发展。""优势和美德是积极的人格特质，它能带来积极的感受和满足感。"

优势和美德从哪里来？主要源于周围的环境，尤其是家庭的教养。

在孩子婴幼儿、童年和青春期之前，父母应给予孩子积极的关注、指导和培养，让孩子形成健康的性格，从而更容易取得事业的成功，更容易获得人生的幸福快乐。

那么，父母该如何通过亲子关系塑造孩子的性格，让孩子更容易成功，更容易获得幸福快乐呢？

❖ 建构孩子的积极情绪

所谓积极情绪，是指满足个体需要而产生的伴有愉悦感受的情绪。这种情绪是一种积极、正向的心理倾向或状态，是心理健康的重要组成部分，同时又对身体健康具有促进作用。

良好的亲子关系是建立在积极情绪基础之上的。无论孩子做什么事情，父母都要用自己"正向信念"的积极情绪，去激发、引导和培养孩子的积极情绪，使孩子逐渐形成稳定的性格。

比如，当孩子在一次期中考试中取得了班级前三名，父母表扬孩子时，要选择"有条件的积极评价"，赏识、激励和鞭策孩子，更好地促进孩子的正向成长。为此，父母既要表达自己十分高兴，夸奖孩子很棒，可以满足孩子一个合理的小要求，如带孩子看一场电影或是买一个孩子盼望已久的礼物等，同时要告诫孩子不能骄傲，眼前取得的成绩只是万里长征的一小步，鼓励孩子还要再接再厉、勇于攀登高峰。

❖ 寻找孩子性格的优势

所谓优势，就是在某些方面超过别人的优点、有利的形势和环境。

每个孩子都有自己的优势和劣势，如果能够及时发现和发展其优势，那么孩子在人生的道路上将会越走越好。

一旦父母寻找到孩子的优势，要给予孩子特别的注意、关爱和引导，孩子也会乐于去发展他的优势而放弃不擅长的部分。

❖ 积极营造良好的家庭环境

家庭环境对孩子的健康成长是非常重要的。对于孩子来说，父母是孩子最好的老师，家庭环境是否良好，对孩子成长的影响是非常深刻的。

有些年轻人脾气暴躁，动不动就发火，只知索取、不懂回报，以自我为中心，心理脆弱，这些弱点的形成和家庭环境都有很大关系。要想让孩子成为明事理、有爱心、知感恩、对社会有贡献的人才，做父母的首先就要时刻注意营造良好的家庭环境，用积极向上、乐观的态度去感染、影响孩子性格的塑造与形成。

5.3 扔掉可怕的坏脾气

5.3.1 可怕的坏脾气

现实生活中，很多人动不动爱发脾气。来看下面几个例子：

在家里，因妻子饭菜做得不可口，丈夫大声斥责，扔筷子、摔碗。

放学路上，妈妈怒气冲冲地朝孩子大喊。

在大街上，被别人不小心撞了一下，就破口大骂，大打出手。

在高速路上，司机因发生交通事故造成堵塞时而骂骂咧咧。

在公交车上，两个乘客为抢占空座位你推我搡。

在超市里，一个排队结账的顾客嫌营业员动作太慢而出言不逊。

快餐店里，老板正在狠狠地训斥犯错误的员工。

在公司中，稍微被上司或同事说了一两句，便大发雷霆，辞职走人。

……

一个人为什么会有坏脾气？坏脾气是天生的吗？当然不是，是否有坏脾气跟个人的性格有非常大的关系。

5.3.2 解密坏脾气

【指点迷津】

母亲的困惑

曾经有一位母亲，因儿子一身的坏脾气而伤透了心，于是到心理教育专家那里求解困惑。

母亲说："从儿子出生以后，我和他爸省吃俭用，无微不至地照顾他，从不让他吃一点儿苦，受一点儿委屈。可是我儿子动不动就大发脾气，发脾气后见东西就砸、见人就打。儿子为什么对我们不领情、不理解、不感恩呢？"

心理专家不动声色，站起身，用隔壁的复印机复印了一张带有文字的纸。然后他返回房间，指着复印后的这张纸，问这位母亲："您看，这张纸字迹模糊，难以辨认，可是我的复印机是好的呀！请问，问题出在哪儿呢？"

母亲回答道："是原件出了问题。"

心理专家补充说："是的！教育孩子也是如此。"

可怜天下父母心！做父母的往往一切为子女考虑，可问题是，父母一切为了孩子，就能换来孩子美好的人生吗？如果说父母是原件，孩子是复印件，那么家庭就是复印机。一些孩子脾气坏，动不动就生气，其实不是因为孩子天生就有坏脾气，而是因为家庭、父母本身出了问题。

那么，孩子的坏脾气到底是怎样"炼成"的呢？以下两方面原因是"罪魁祸首"。

首先，父母过分宠爱孩子，缺乏对孩子的沟通引导。

孩子从小被父母过分宠爱、有求必应，一旦他提出的要求不能被满足的时候，就会发脾气，多次以后就会养成发脾气的坏习惯。面对孩子的坏脾气，不少父母只关注孩子的行为表现，却忽略了孩子的内心想法，没有从根本上去思考坏脾气背后深层次的原因。父母一旦对孩子缺乏正确的沟通引导，孩子感受不到父母的理解和尊重，就会自动"切换到发泄情绪的模式"，最终会对孩子身心健康成长带来许多消极影响。

其次，家庭不和谐环境的潜移默化。

家庭环境是孩子生活和成长的重要场所。孩子的许多坏脾气，大多数情况是不和谐的家庭环境潜移默化的结果。如果父母爱发脾气，孩子看着父母争吵时恐怖的面部表情和愤怒的肢体语言，耳边是不堪入耳的语言，无形之中孩子也就学会了用简单粗暴的方式处理人际关系。

5.3.3 和坏脾气说"拜拜"

没有人会喜欢自己或者他人的坏脾气，那么我们应该怎么摆脱坏脾气，尤其是如何让孩子摆脱坏脾气，从小就拥有"好脾气"呢？

这里有一些建议送给各位父母，或许可以帮助到你（图5-4）。

❋ **对孩子爱而不溺**

俗话说"惯子如杀子。"父母爱孩子，应该采取正确的方式方法，不能过分地溺爱孩子。溺爱并不是真正地爱孩子，反而会害了孩子，让孩子形成不健全的心理与性格。

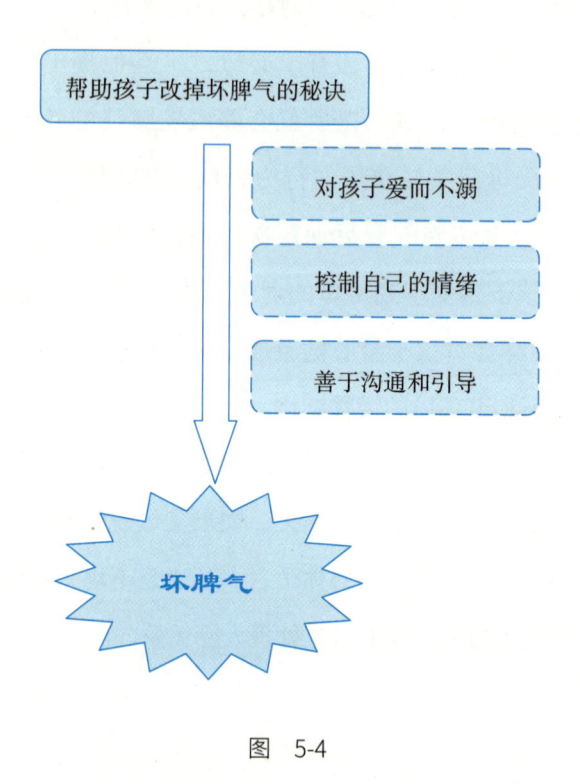

```
帮助孩子改掉坏脾气的秘诀
   │
   ├── 对孩子爱而不溺
   ├── 控制自己的情绪
   └── 善于沟通和引导
   ↓
  坏脾气
```

图 5-4

孩子在幼年时期，懵懂无知，缺乏人生阅历和经验，还不能独立自主地解决各种问题。父母应该从小就培养孩子独立解决问题的能力，让孩子学会爱。孩子未来要走的路很漫长，父母不可能一直伴随孩子的左右，所以不要溺爱孩子。

❋ 调控自己的情绪

在日常生活中，当父母意识到自己的坏脾气难以抑制时，一定要学会调控自己的情绪，防止它蔓延出去而伤及无辜的孩子。比如，当父母下班回到家，看到孩子吃零食、看电视，但家庭作业还没有开始写，不要一上来就火冒三丈：怎么还不写作业？写作业天天拖拖拉拉，就知道玩！你要不要上学啦？如果孩子仍然写作业慢吞吞，半天写不完一门作业，更不要气不过而动手打孩子。作为父母，此时一定要保持镇定冷静，并站在孩子的立场，理解孩子写作业的感受，同时要向孩子心平气和地表达自己的真实想法，并引导孩子改变不好的行为习惯。这样孩子就会觉得，自己的行为是可以被父母理解的，父母是在设身处地为自己考虑，而不是粗暴地打骂压制自己，从而逐渐消除了抵触情绪。

❀ 善于沟通和引导

没有沟通，就没有理解。当面对孩子的坏脾气时，父母切忌简单粗暴，打骂了事，也不能放纵不管。父母要倾听、接纳和理解孩子的坏脾气，和孩子及时沟通他的想法，了解他发脾气的原因，并通过恰当的方式加以引导。

【性格揭秘】

小文原本是一个懂事的小女孩，可是后来她竟然和男孩子打架。这究竟是怎么回事呢？

小文在外面玩，和住在同一小区的小孩磊磊打架了，磊磊的家长找到小文家里告状。小文爸爸在没弄清事情缘由之前，就武断地认为，这次肯定是自己孩子惹的祸。于是，小文爸爸不分青红皂白，狠狠地把小文教训了一顿，并向对方家长赔礼道歉。

> 事后得知，小文之所以打架，是因为磊磊道听途说，骂了小文的妈妈。小文最爱妈妈，当然不会允许别人辱骂她。
>
> 试想，如果小文的爸爸不是简单粗暴地打骂，而是首先向孩子了解情况，弄清打架的缘由，并且对孩子的行为加以正确引导，那么小文就能逐渐学会控制自己的情绪，理性处理类似的问题。

5.4 去除"以爱之名"的禁锢

5.4.1 "以爱之名",伤我无形

【性格趣谈】

错位的母爱

有一位母亲,独自一人含辛茹苦地抚养女儿长大成人。她从不让女儿吃苦,什么都自己操心,她觉得这是对女儿最好的爱。

女儿大学毕业后,到一家公司上班,可是不久就被老板辞退了。原来,女儿这些年来只会读书,不出去玩,很少和别人交往,像是一只被驯养的动物,很多社会功能都退化了。

母爱是伟大的,可是为什么有些母亲为子女做的很多事情会显得"有些多余"呢?上述案例中,母亲的含辛茹苦并没有换来女儿的人生幸福,反而

使得女儿像是一只被驯养的动物,很多社会功能都退化了。

为什么父母的"爱",反而伤害了孩子呢?是哪里出现问题了?

诚然,父母爱孩子没有错,但是不能"以爱之名"来"绑架"孩子束缚孩子,这样的爱会适得其反。对此,为人父母者应从以下三个方面进行反思(图 5-5)。

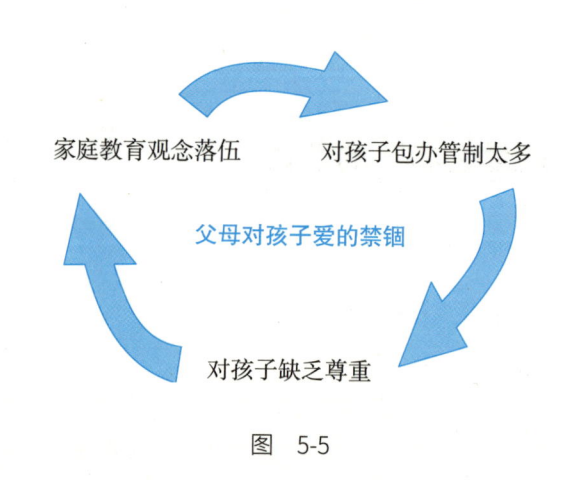

图 5-5

家庭教育观念落伍

在我们身边,常会听到不少家长倾诉教育孩子的苦恼:为什么自己生意做得风生水起,公司办得风风火火,事业小有成就,却感觉对孩子的教育并不怎么成功?

其实,孩子的问题就是父母的问题。有的家长对孩子有求必应,竭尽全力满足孩子的物质需求,却很少和孩子谈心、说说心里话;有的家长过分看重孩子的成绩,只有孩子考了高分,才觉得自己"有面子"(图5-6);还有的家长早已为孩子谋划了未来,孩子对自己的事情没有发言权和决定权。

第 5 章 性格塑造：家庭心理成长画像

分数低，孩子、家长，谁之过？

图 5-6

很多父母对孩子的一些做法，在很大程度上折射出家庭教育观念的落伍。

时代在发展，家庭教育观念也要与时俱进。孩子不是父母喂养的宠物，不是父母的私有财产，不是父母所谓"面子"的附属物，也不是为父母圆梦的工具。

✿ **对孩子包办管制太多**

教育家马卡连柯说："一切都给子女，牺牲一切，甚至牺牲自己的幸福，这是父母给孩子的最可怕的礼物。"如今的不少父母，却把这件最可怕的礼物不断地加在孩子身上。他们怕孩子做不好，怕孩子会吃苦、受罪，尽心尽力为孩子做好一切。可是，孩子不可能总在父母的羽翼下生活，总有一天，孩子要长大，要独立并走上社会，独自面对生活、工作上的许多挑战。

❖ 对孩子缺乏尊重

父母是孩子的第一任老师。当父母"以爱之名"绑架孩子的时候,就要反思为什么孩子对自己厌烦,不愿听自己说话?其实,在很多情况下问题在于父母缺乏对孩子应有的尊重。

比如,有时上街买衣服,父母觉得这件衣服好看,就自作主张替孩子买了;有时给孩子选择学校,父母根本不考虑孩子的意见,就提前办好了;甚至有时候,父母擅自做主,帮孩子填高考志愿、选院校和专业等。在父母眼里,孩子总是长不大,孩子活成了父母的复印本。

5.4.2 "以爱之名"也要讲正道

爱孩子是一门艺术,也是一门学问。那么,为人父母者该如何去爱孩子呢?可以从以下三个方面入手(图5-7)。

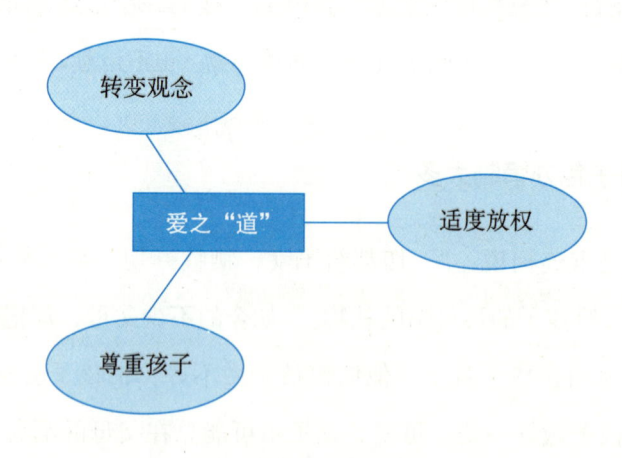

图 5-7

❖ 父母要转变教育观念

父母希望孩子成龙成凤、幸福快乐，就必须摒弃过时错误的思想观念。

一方面，父母要认识到，孩子不是自己的私有财产，别以爱的名义控制孩子，压抑孩子的天性，真正的爱是为子女计长远。

另一方面，孩子有独立的人格，和大人其实是平等的。做父母的，有义务给孩子提供必要的建议和引导，而孩子也同样有权利接受或者拒绝父母的意见。

❖ 给孩子适度的自主权

对于每一个大人来说，自己都是独立的个体，其实对于小孩子来讲，他们也是独立的个体，父母应该尊重孩子的独立自主意识和独立自主性，给孩子适当"放权"。

在孩子成长的不同阶段，父母的正确引导是必要的，同时父母要结合孩子的年龄和性格特征，让孩子去决定他们认知范围内力所能及的事情。孩子总要学着自己成长，人生的道路，父母是不能替孩子去走的。

在幼儿时期，孩子的知识和认知有限，对是非曲直缺乏判断能力，这时需要父母的指导和引导，去帮助他们选择和做决定，如上哪个幼儿园，可以尝试做哪些运动等。

随着孩子知识的不断积累，孩子会渴望通过他们的已知知识和阅历去探索世界，这时就需要他们自己去做决定和行动。这一时期，父母可以给予一些建议以供参考，但是不能代替孩子做决定。

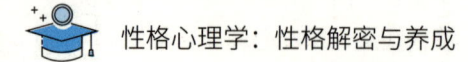

♣ 在尊重的基础上爱孩子

尊重孩子，是爱孩子的前提，试想父母不尊重孩子，又怎么能真正做到爱孩子呢？

如果你真的爱孩子，那么就请学会尊重孩子，尊重孩子的意愿和选择，在不违背法律道德的基础上，请允许他们用自己喜欢的方式做事，这有助于孩子养成良好的性格和独立的品格。

5.5 解除过高期望带来的压抑

5.5.1 都是"期望"惹的祸

【性格揭秘】

有这么一个孩子，从小就是"别人家里的孩子"，在老师和家长的眼中，成绩优秀、聪明好学，从上幼儿园起就被视为"有出息"的孩子，上学后考试总得第一，多少年来一直生活在大人的赞扬声中。

有一次，考试成绩公布下来，这个孩子的数学成绩比别人落后了几分。这个孩子怕别人会另眼看她，便跳进家附近的河里自杀了。

这样的结果令人唏嘘不已，也值得人们反思，我们应该如何引导孩子，才能让孩子能直面生活、正对困难呢？

当下，不少孩子为了迎合、顺从父母，放弃了自己的想法和爱好，选择了自己不感兴趣的学校和专业，成为父母的影子、复印件。结果，他们失去了学习的动力，丧失了工作的热情，失去了自我。

很多孩子，从小到大，背负了父母太多的期待，父母的期望似乎是孩子生活中不可或缺的一部分。为了达到父母的期望，他们片刻都不敢放松，心里每时每刻都充满了紧张和压力。随着父母的期望越来越高，孩子承受的心理压力也就越来越大，时间一久，他们就变得郁郁寡欢，心理十分脆弱。

5.5.2 让期望永不失望

对于大多数父母来说，都希望子女能完成自己未完成的"雄心壮志"，但是孩子不是你的"梦想工具"，对孩子的期望应该建立在尊重孩子的基础上。那么，在能力范围内，父母该如何做，才能最大限度地使孩子实现父母的期望和他/她自己的理想呢？

我们应该知道，有期望是好的，朝着期望努力也是好的，但这个过程需要一个"度"的把握（图 5-8）。下面详细讲解。

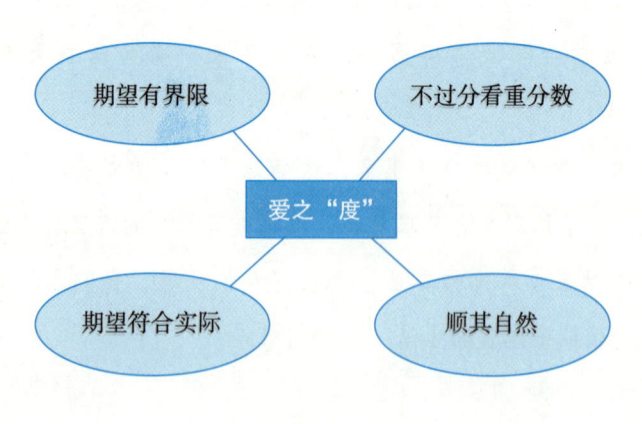

图 5-8

❋ 明确期望界限，不以分数论英雄

很多父母只注重孩子的考试成绩，忽略孩子的品行。父母不妨认真想一想，品行与成绩哪个更重要一些呢？假如孩子品行有问题，即便孩子成绩再好，也不一定能在社会中成就大事。

❋ 期望符合实际，顺其自然不强求

一只木桶能盛多少水，并不取决于最长的那块木板，而是取决于最短的那块木板。

每个孩子都有所长，有其短。如果父母无视孩子的短板，孩子就会因为短板而被拖后腿，限制其在某方面更好的发展。因此，父母对孩子的期望不能过高，事先要了解孩子的优缺点，尽最大可能发挥其优势，并帮孩子补长短板，只有这样才能让孩子走得更远，能力得到更大的发展。

为明事理、有爱心、知感恩、对社会有贡献的人才，做父母的首先就要时刻注意营造良好的家庭环境，用积极向上、乐观的态度去感染、影响孩子性格的塑造与形成。

性格心理学
性格解密与养成

5.6 不冷漠，爱需要反馈

5.6.1 孩子冷漠，谁之过

每一个孩子呱呱坠地的那一刻，都会像上天派来的天使一样，大大的眼睛，是那么清澈纯真，胖嘟嘟的笑脸，让你忘掉一切忧愁。小生命降生以后，父母对孩子百般疼爱，照顾孩子尽心尽力、无微不至、不辞辛苦，然而，十几年后，孩子却变得越来越自私冷漠，不懂得关爱和感恩，甚至对父母出言不逊、拳脚相加。为什么孩子会由上天派来的天使变成人间魔鬼呢？孩子的冷漠无情究竟是谁之过呢？

5.6.2 冷漠，不是孩子的错

有人说，孩子是父母的一面镜子，这句话不无道理，从孩子身上看到的冷漠，其实不是孩子的错，而是大人的失误。

那么，孩子为什么会冷漠呢？不外乎以下几方面的原因。

第一，家长过于看重分数，对孩子不太了解。很多家长，见到老师，总离不开问孩子成绩的话题，并不关心孩子的身心发展情况，尤其是在考试后一见到老师，就问孩子的学习成绩是进步还是退步了。很多父母过于看重分数，导致孩子面临的学习压力很大，而父母对于孩子可能出现的情绪波动、心理变化却知之甚少。

如果父母总是忽略孩子的想法和感受，只关注孩子的成绩，长此以往，孩子自然不会对父母有感恩的心态，他们的抵触情绪就会滋生。

第二，家庭缺乏温暖。一个人，之所以变得自私、冷漠，缺乏温情，其实很可能和他生活在一个没有温暖的家庭环境有关。

5.6.3　不冷漠，爱需要回应

在孩子成长阶段，冷漠容易使孩子缺乏爱心，不懂得感恩，让孩子变得孤僻、内向，造成心灵的麻木、孤寂和空虚。如果父母希望自己的孩子不冷漠，就要用爱来回应孩子的情感需求。下面的方法不妨试一试。

第一，给孩子多提供表达爱的机会。

比如，请孩子帮忙拿东西，出门游玩让孩子帮忙查找路线等，在孩子帮忙后，要表扬孩子，跟孩子说谢谢。时时给孩子提供表达爱的机会，让孩子学会关心爱护他人，逐渐培养孩子的爱心。

第二，营造充满温暖的家庭氛围。

要想孩子不冷漠，父母必须给孩子一个充满温暖的家庭氛围。家庭成员之间应互相关爱、理解，互帮互助，彼此体贴，都能为他人着想，使整个家庭充满爱的温暖。父亲的信任和鼓励，妈妈的爱和期望，还有整个家庭的欢声笑语，都能让孩子享受爱的滋养。

性格心理学
性格解密与养成

孩子在幼年时期，懵懂无知，缺乏人生阅历和经验，还不能独立自主地解决各种问题。父母应该从小就培养孩子独立解决问题的能力，让孩子学会爱。孩子未来要走的路很漫长，父母不可能一直伴随孩子的左右，所以不要溺爱孩子。

调控自己的情绪

在日常生活中，当父母意识到自己的坏脾气难以抑制时，一定要学会调控自己的情绪，防止它蔓延出去而伤及无辜的孩子。比如，当父母下班回到家，看到孩子吃零食、看电视，但家庭作业还没有开始写，不要一上来就火

5.7 不唠叨，让世界安静会儿

5.7.1 家有爱唠叨的父母

说起唠叨，很多人都会想起电影《大话西游》中唐僧的"啰唆"和"唠叨"，说起父母的唠叨，尤其是妈妈的唠叨，是很多人一生中难以抹去的记忆。

"爱唠叨"的父母总是担心孩子，生怕孩子记不住他们的提醒，生怕孩子把他们的话当耳旁风，也生怕孩子做事情万一出什么差错。简而言之，"爱唠叨"的父母对孩子一百个不放心，他们认为只有多唠叨几句，多重复几次，孩子才会听得进去。父母的这种做法的初衷并没有错，问题在于对孩子的唠叨无休止、不分年龄阶段。假如孩子处在婴幼儿时期，父母的唠叨确实能起到一定的作用。但随着孩子进入童年、青少年时期，父母没完没了的唠叨对孩子就会逐渐失去应有的效果。

古人云："话说三遍淡如水。"其实，有些话说一遍就够了，不用非要一而再、再而三地重复。比如，父母批评孩子的话，孩子听了一遍，很快就接受了，但如果父母一直反复说教，还抓住孩子的"小辫子"不放，那么孩子不但听不进父母的批评，反而会产生反感，甚至对父母避而远之。唠叨，不仅伤害亲子关系，而且会使父母的焦虑和压力情绪转移到了孩子身上，从而使孩子产生逆反心理，影响到孩子的个性和人格的发展。

5.7.2 向唠叨说"不"

爱唠叨的父母怎样做才能避免超限效应，让孩子感觉自己不唠叨呢？

其一，选择恰当的时机。

当孩子心情愉悦时，往往容易接受父母的"大道理"；孩子不高兴时，父母说得再对，他也听不进去，甚至容易产生逆反心理。

其二，制订规则，让规矩来"说话"。

孟子曰："不以规矩，不成方圆。"在大多数情况下，父母爱唠叨实际上是出于一种"无力感"。这是由于不少父母对孩子没有坚持原则底线，该批评就批评，该惩罚则惩罚，而是"随心所欲"，而不讲原则很难在孩子心目中树立威信。

其实，孩子并非蛮不讲理，如果父母能够在日常生活中事先约定规矩，坚持原则，不放任纵容，那么孩子逐渐就能学会按照规则来行事，在纠错中成长进步。试问，让规矩来"说话"，还用得着父母不停地唠叨吗？

5.8 榜样的力量

5.8.1 父母是孩子的一面镜子

【性格趣谈】

古时候,有一对年轻夫妇,在当地是出了名的不孝之人。他们让年迈的父母穿破旧的衣服,住一间破旧的小屋。每到吃饭时,他们就用一只小木碗盛一些不好吃的东西给老人端过去。

一天,这对夫妇看到他们的儿子正在雕刻一块木头,就好奇地问儿子:"你雕刻木头做什么用啊?"

孩子头也不回地说:"刻只小木碗,等你们到了爷爷奶奶的年纪时好用。"

从这个故事可以看出,父母的言传身教对孩子产生了潜移默化的影响。父母的一举一动、一言一行,都是孩子的榜样。

孩子是父母的镜子，折射出父母的影子；父母也是孩子的一面镜子，映照出孩子的未来。

当这面镜子是洁净、透亮的时候，孩子的心也是纯净、透亮的，而当这面镜子受污染不干净的时候，孩子的心也像是被蒙上了尘垢一般。在现实生活中，父母所有的言行举止都会成为孩子学习模仿的源头，当然包括优点和缺点。

5.8.2 父母要以身作则，知行合一

苏联著名的教育家马卡连柯曾经讲过："一个家长对自己的要求，一个家长对自己家庭的尊重，一个家长对自己每一行为举止的注重，就是对子女最首要的、也是最重要的教育方法。"那么，父母在教育孩子时，怎样做才能传递榜样的力量呢？

✤ 以身作则

如果父母不注意自己的言行举止，那么孩子因模仿父母而产生的问题也不会得到修正。因此，要让孩子言行文明、健康，父母应首先要约束自己的行为，不能忽视言传身教的作用。

✤ 知行合一

有不少家长经常抱怨孩子说："我真没少说他，道理讲了一大堆，嘴皮子都磨破了，就是不听！"

为什么孩子听不进父母的一大堆道理呢？其实，父母的问题在于自己不能做到知行合一、以身作则。比如，当父母告诫孩子一定要注意交通安全，

遵守交通法规，特别是过十字路口时不能闯红灯，但父母说一套做一套，过十字路口时闯了红灯。试问，父母这样的说教能让孩子入耳入心吗？

【随机提问】

1. 你了解孩子的性格吗？你和孩子的亲子关系和谐吗？

2. 孩子的坏脾气产生的主要原因有哪些呢？你是如何帮助孩子改掉坏脾气的？

3. 你认为什么样的期望对孩子有促进作用？你是怎样做的？

4. 为什么有的孩子会很冷漠、缺乏爱心和同情心呢？你认为应该如何做才能使孩子有爱心？

性格心理学

性格解密与养成

第 6 章
性格诊断：弥补性格缺陷

世界上有颜色形态各异的花朵，因此大自然才精彩纷呈；世界上有性格不同的人，因此社会才丰富有趣。不同的性格，并无好坏之分，但存在缺陷的性格会影响人的发展。如果说性格决定命运，那么性格缺陷则会导致悲剧命运。所以，要想奏响命运的交响曲，就要修正性格缺陷这个音符。

性格心理学
性格解密与养成

6.1 社交恐惧症：不愿和陌生人说话

【性格趣谈】

《国王的演讲》是一部包揽各大奖项、享誉全球的影片，影片中的主人公，英国王室的继承人艾伯特王子，有着十分优秀的品质。但这位年少时期就勇敢参加海战的英雄，却害怕在众人面前演讲，这是因为他患有口吃，不能流利地讲话。他的口吃并不是与生俱来的，而是根源于小时候的自卑心理，久而久之，他变得更加自卑，变得易怒，甚至不再与人交流。但是作为未来的国王，不可避免要当众发言，因此他必须要克服社交恐惧障碍，搬开口吃这一绊脚石。最终在语言治疗师的帮助下，艾伯特王子最终克服心理障碍，解开心结，治愈口吃，出色地完成了演讲。

在被这部影片的故事所感动和激励的同时，不知大家是否认识到了这样一个问题：社交恐惧症会影响自身生活和发展，它是需要克服的，也是可以治疗的。

> 那么，你知道什么是社交恐惧症吗？你对社交恐惧症有所了解吗？你知道社交恐惧症有哪些表现吗？你知道如何治疗社交恐惧症吗？

社交恐惧症有一个十分通俗的名字，就是"见人恐惧症"，也就是见到人就害怕，害怕跟人们交流，更害怕在人们面前出丑。有更严重的患者甚至不敢打电话，不敢出门购物，更不敢参加亲朋聚会。

社交恐惧症的危害是很大的，不仅会对患者的生活造成困扰，也会严重影响患者的工作。社交恐惧症患者脆弱敏感，往往缺乏自我肯定，认为自己乏味无趣，并且认为身边的人也是这样看待自己的，于是会走上通往焦虑和抑郁的道路。

6.1.1 认清社交恐惧症的真面目

现在你是不是觉得自己对社交恐惧已经有所了解了？还不够。图6-1进一步为你揭开社交恐惧症的面纱，带你全面认识社交恐惧症的真面目，了解社交恐惧症患者的心理表现。

❀ 恐惧

一般普通人在与他人交往时，不会有任何心理负担，甚至还会乐在其中。但社交恐惧症患者会存在恐惧心理，他们与人交往时会感到害怕，十分拘束，不知如何表达，以至于不敢见人。

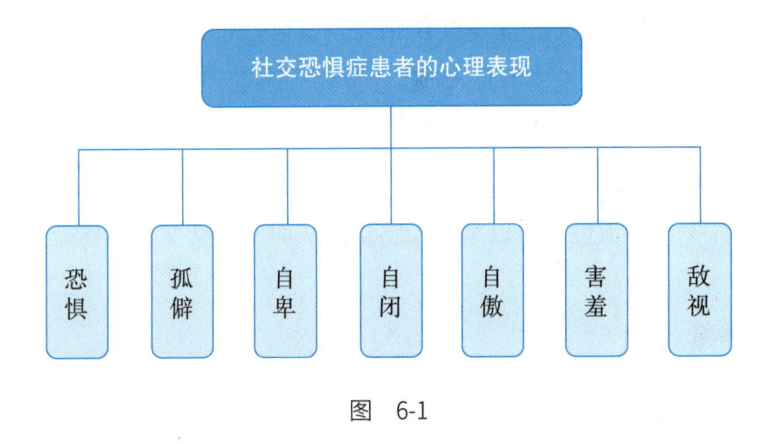

社交恐惧症患者的心理表现：恐惧、孤僻、自卑、自闭、自傲、害羞、敌视

图 6-1

🌸 孤僻

孤僻心理时刻伴随着社交恐惧症患者。这种孤僻心理包含两种情况。一种是傲视群雄，孤芳自赏，根本不愿意同他人为伍；另一种是具有某种特殊癖好，无法使人接纳，进而影响社交。

🌸 自卑

对于有些社交恐惧症的患者来说，自卑的心理就如同影子一般无法摆脱。他们缺乏信心，从来没有自我肯定过，根本没有勇气与他人交往，更不要说主动与他人交往。

🌸 自闭

有些社交恐惧症患者存在自闭心理，他们不仅关闭了与外界沟通的大门，更是关上了心灵的窗户。他们不敢吐露真实的想法，往往会隐匿自己的情感，总是与人保持一定的距离。

✤ 自傲

认为社交恐惧症患者只会表现出自卑、孤僻的心理就错了，有些社交恐惧症患者还会表现出自傲心理。他们摆不正自己的位置，往往过分高估自己，在交往中给人傲慢、自以为是的感觉，从而使社交变得不畅。

✤ 害羞

害羞是小孩子的专利？当然不是。每个人都会有害羞的时候。但社交恐惧症患者的害羞心理有所不同，他们的害羞表现为过分约束自己的言行，以至于无法表达自己的真实想法，使得社会交往根本无法正常进行。

✤ 敌视

你很难想象得到，社交恐惧症患者往往会将普通大众认为的正常的人际交往行为看作勾心斗角，认为交往中总是充满明枪暗箭，于是逃避与人交往，甚至仇视他人。

6.1.2 自我治疗有方法

一旦发现患有社交恐惧症，当然不能不闻不问，任由其发展、影响生活和工作，应对其加以重视，并积极治疗。是不是一定要就医才能治疗？当然不是。采用如图 6-2 所示的方法，患者也可以进行自我治疗。

❦ 摆脱消极想法

在会议、聚会或其他社交行为结束之后，你是不是一直在想有些话不应该那么说，如果这样说会更好？其实没有必要总是将心思放在一些负面的事情上，因为如果总是专注于负面，就会认定自己不会社交，认为自己总是会说错话，从而在社交场合不敢开口说话。每个人都不是完美的，每个人都会有说错话的时候，你现在最需要做的就是摆脱那些消极的想法，不要再纠结曾经说过的话。

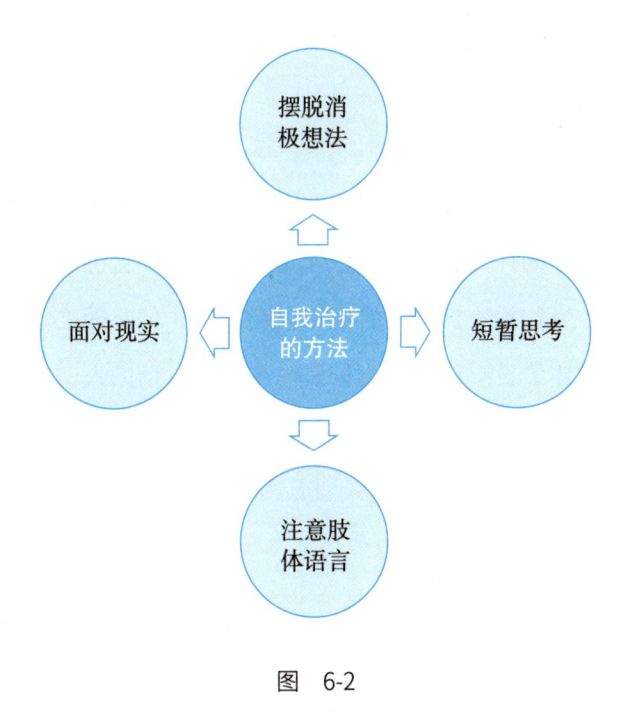

图 6-2

❦ 面对现实

难道只有患有社交恐惧症的人害怕社交吗？其实不然。通常，普通人在

171

社交过程中有时也会感到胆怯，这是一种正常现象。社交过程中的害羞、心跳加快、手心出汗等，只是大脑对新刺激的反应，是在提醒你要适当小心一些而已，应沉着冷静地面对社交，遇事放松应对即可。

❖ 短暂思考

教你一个小技巧，当在社交场合有人问你问题时，不必立即回答，可以适当停下来，短暂思考一会儿，再回答对方问题。这样经过深思熟虑之后的回答会更有见地，也能更好地表达自己的想法。

❖ 注意肢体语言

在社交过程中，你是否一紧张就束手无策、畏首畏脚，恨不得将自己隐藏起来？这对你的社交显然没有任何帮助。不如让自己放松一些，抬头挺胸，轻松应对。当你抬头挺胸的时候你就会发现，信心随之倍增。此时，人们也会被你的肢体语言感染，认为你是一个充满自信的人，有着领导一般的气势和魅力。

【指点迷津】

社交恐惧症的成因

你有没有想过这样一个问题，社交恐惧症是如何形成的呢？了解了这一问题，就会对将来避免产生社交恐惧症有很大帮助。图6-3可以帮你很直观地透视社交恐惧症的成因。

第 6 章　性格诊断：弥补性格缺陷

社交恐惧症的成因

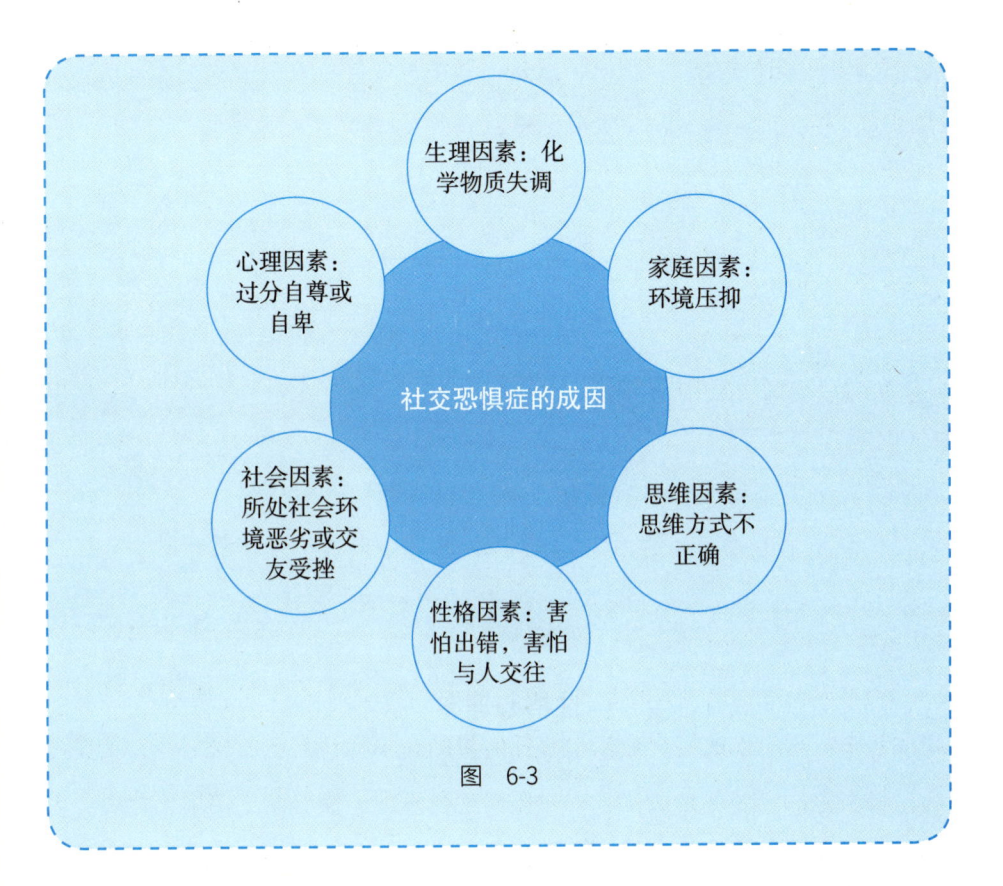

- 生理因素：化学物质失调
- 家庭因素：环境压抑
- 思维因素：思维方式不正确
- 性格因素：害怕出错，害怕与人交往
- 社会因素：所处社会环境恶劣或交友受挫
- 心理因素：过分自尊或自卑

图 6-3

性格心理学

性格解密与养成

6.2 强迫症：难以自控的想法与行为

【性格趣谈】

不知道你有没有看过这样一部微电影，叫《Right Place（多译为〈适得其所〉）》。这部微电影中的男主人公患有严重的强迫症，早餐餐具的摆放有固定的位置，间距都要分毫不差，鸡蛋饼要切成严谨的九宫格，走路要走直线，甚至看到超市的商品摆放不一致时，都要进行调整。强迫症使得他丢掉了自己的工作，但最终他发现了适合自己的工作。

试问一下自己，有没有在生活中出现上述电影中的行为，或者出现以下行为：出门后怀疑门没有锁好，又返回来检查；反复洗手，仍然觉得不干净；看到写的不工整的字就不舒服等。如果你经常做出类似的行为，那么要注意了，你有可能患上了强迫症。

6.2.1 什么是强迫症

对于强迫症，人们可能并不陌生，在日常生活和工作中总能听到一些关于强迫症的事情。但是，你真的了解强迫症吗？下面就为你揭开强迫症的面具，带你重新认识强迫症。

强迫症属于精神范畴，是一种精神类病症。强迫症中存在着两股势力，一股势力是"强迫"，另一股势力是"反强迫"，这两股势力总是相互较量，也就是说，明知道不用去做或没必要去做，可就是控制不住地要去做。对强迫症患者来说，这个过程是很痛苦的。

强迫症大致分为以下三种类型（图6-4）。

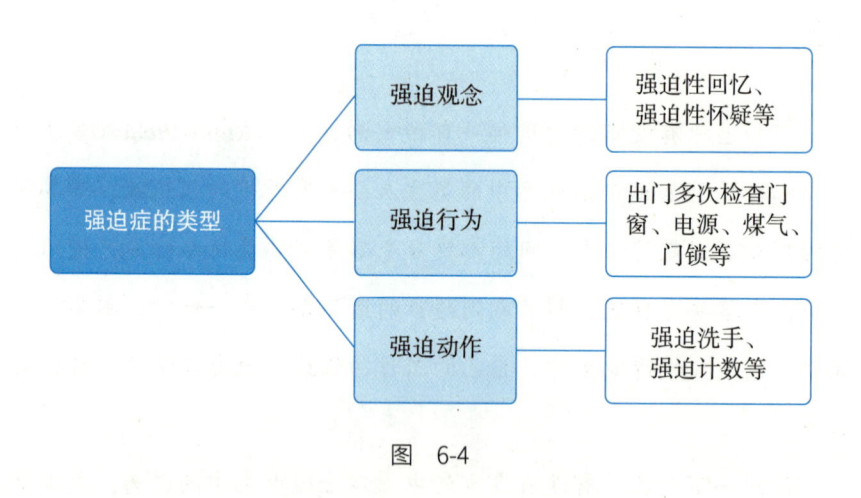

```
                    ┌─ 强迫观念 ── 强迫性回忆、强迫性怀疑等
强迫症的类型 ───────┼─ 强迫行为 ── 出门多次检查门窗、电源、煤气、门锁等
                    └─ 强迫动作 ── 强迫洗手、强迫计数等
```

图 6-4

可不要小看强迫症，其发病率是很高的。有调查指出，每50个人中就有一个人得过强迫症。现在，越来越多的青少年患有强迫症，这是一个值得注意的问题。现在的很多青少年都喜欢一个人宅在家中，表面上的独立生活实际上是孤独的自处，他们大部分时间会用来面对电脑，这种生活方式很容易埋下强迫症的种子。此时需要做的就是保持心态积极乐观，保证睡眠充

足；积极参加运动和社交活动，将强迫症扼杀在萌芽时期。

6.2.2 告别强迫症的四大自我疗法

如果已经患上了强迫症，也不用担心，积极开展自我治疗，就能走出强迫症的阴影。下面展示四大自我疗法（图6-5），带你告别强迫症。

接受不完美	释放自己
不惧失败	适当放松自己

图 6-5

🌸 **接受不完美**

在生活和工作中做事精益求精是好习惯，但过于追求完美，就容易走入极端。患有强迫症的人就是太过于追求完美，而使自己陷入不可自拔的痛苦之中。想要摆脱这种痛苦，首先要接受不完美。的确，这对于追求完美的人来说不容易。但是，只要进行这方面的锻炼也是可以做到的。比如，在不整洁的房间里坚持生活，床单有褶皱不去整理，这时就会明白，不干净、不整洁、不完美并不会使生活变得多么糟糕。

❇ 释放自己

患有强迫症的人并不愿与人诉说自己的痛苦,更多的是将自己的内心感受隐藏起来,害怕被人嘲笑。日积月累,积攒的痛苦越来越多,精神压力得不到释放,最终整个人会因压力过大而崩溃。此时,就要勇敢地敞开心扉,多与朋友和家人交流,释放自己的压力。

❇ 不惧失败

患有强迫症的人在追求完美的同时也追求成功,这实际上也是一种追求完美。但一旦失败,整个人可能就会萎靡不振,从此消沉。此时不妨告诉自己,失败并不可怕,没有人会轻易成功,不经历风雨,怎能见到彩虹。

❇ 适当放松自己

强迫的观念和行为迫使患有强迫症的人总是处于紧张的状态下,他们的大脑时刻都得不到放松,如果持续这样,无论是精神还是身体,都会被击垮。此时,就要适当放松自己,换一种角度和心态去看待那些让自己产生强迫感的事情。放松自己不妨从放松自己的身体开始,多参加体育锻炼,身体得到了放松,精神状态也会随之变好。

6.3 迫害症：谁都不能信

【性格趣谈】

在生活中你有没有遇到过这样的人？

他们固执己见，心胸狭窄，生性多疑；他们嫉妒心很强，见不得别人成功，喜欢背后生事；他们高傲自负，从不承认自己的问题，还常推卸责任；他们的语言总是快于行动，光说不做；他们对人缺乏信任感，总认为别人的行为动机不纯；他们对待事情缺乏客观性，常感情用事。你知道他们为什么会有这些行为表现吗？

6.3.1 透视偏执型人格的人眼中的世界

上面提到的这些人，实际上患有偏执型人格障碍。他们经常疑神疑鬼，内心固执，如果长此发展，就会演化成被害妄想症。

偏执型人格眼中的世界是怎样的呢？他们通常都有着怎样的表现呢？下面就带你通过图 6-6 来透视偏执型人格眼中的世界，了解偏执型人格障碍的表现。

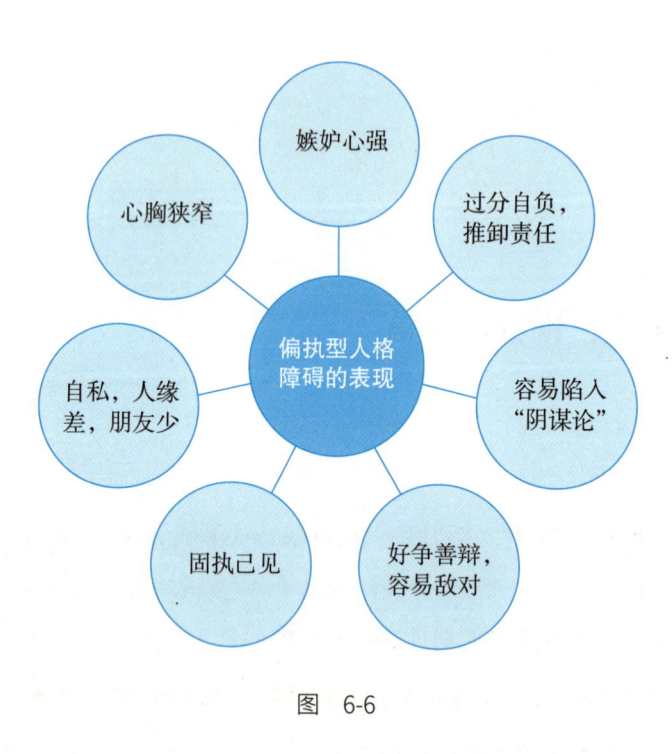

图中内容：偏执型人格障碍的表现——嫉妒心强、过分自负，推卸责任、容易陷入"阴谋论"、好争善辩，容易敌对、固执己见、自私，人缘差，朋友少、心胸狭窄。

图 6-6

如果一个人存在上图中所列的三项症状，那么就可以说这个人存在偏执型人格障碍。大家不妨可以根据上图测试一下自己。

6.3.2 别让偏执型人格伤害你

存在偏执型人格障碍要不要治疗？如何治疗？当然需要治疗，决不能让偏执型人格伤害自己。至于如何治疗，可以以心理治疗为主，采用恰当的方法克服人格缺陷。下面就为你介绍三种克服偏执型人格障碍的方法，让你远离偏执型人格的伤害，如图 6-7 所示。

第 6 章　性格诊断：弥补性格缺陷

- 消除疑虑，主动交友
- 深度分析自己，认识自己
- 克制自己，宽容理解他人

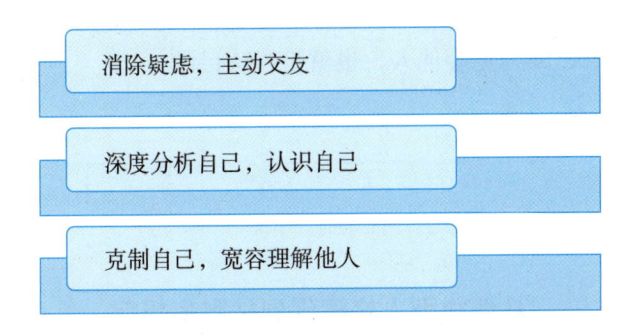

图　6-7

❀ 消除疑虑，主动交友

要想脱离偏执型人格的困境，就要消除疑虑，敞开心扉，主动与身边的人交朋友，努力让自己信任别人，同时学会站在对方的立场考虑问题，以获得对方的理解和尊重，努力为自己创造一个轻松的社交空间。教你一个好方法，那就是时常保持微笑，这样不仅会获得别人的好感，自己也会心情愉悦。

❀ 深度分析自己，认识自己

走入偏执型人格障碍的困境，很有可能是缺乏自省能力，不善于自我分析和自我认识，意识不到自己的问题，所以不妨对自己做一次深度剖析，分析自身存在的一些问题。例如，每当对身边的人产生敌意的观念时，就应有意识地分析自己的心理，看看自己是不是掉入敌对心理的陷阱。

❀ 克制自己，宽容理解他人

每当想要针对对方大发脾气的时候，就应提醒自己，这样做只会恶化关系，对解决问题丝毫没有帮助。要有意识地克制自己的情绪，同时对他人多一份宽容和理解，因为宽容他人，也就是善待自己。

【性格揭秘】

从偏执型人格障碍到被害妄想症

偏执型人格障碍与被害妄想症之间有着怎样的关系呢？一般来说，由于自身或者环境的问题，一个人先会形成偏执型人格，这种人格常常被忽视，并不被人们重视，但如果没有得到及时纠正，就会形成偏执型人格障碍，如果一再任由其发展，就会形成被害妄想症。从这种关系可以看出来，被害妄想症是以偏执型人格障碍为土壤生长起来的。它们之间的关系可以通过图6-8展示出来。

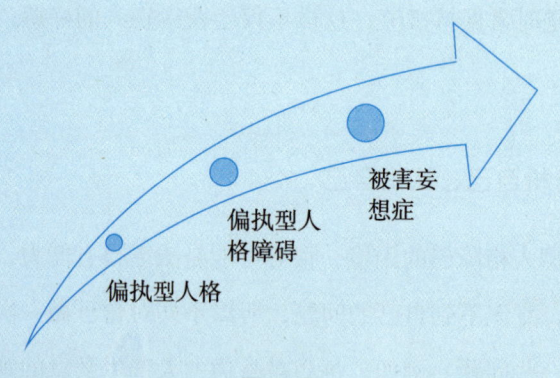

图 6-8

在生活中一旦发现有偏执型性格的表现，就要及时纠正和治疗，以免导致恶化。

6.4 说谎症：不是故意要骗你

【性格趣谈】

《狼来了》这一寓言故事相信大家从小就知道。这个故事讲述了一个放羊娃接连撒谎，后来不被村民信任，最终羊真的被狼吃了的故事。这个故事的寓意就是告诉孩子们不要撒谎，撒谎是不好的行为。

可是，就有这么一类人，他们撒谎成性，把撒谎当成家常便饭，而且这种行为已经不仅仅是撒谎那么简单了。那么，你知道这种行为其实是一种心理疾病吗？你知道这种心理疾病是什么吗？

6.4.1 经常说谎是一种病

相信大家小时候都有过说谎的经历，有些可能是不得已的谎言，有些可能是善意的谎言，这些实际上都属于正常行为。但有些人将说谎当成生活的一部分，经常控制不住地说谎，甚至不说谎就难受。这种说谎行为已经不能用情有可原来解释了,它实际上成了一种心理疾病,就是我们常说的说谎症,心理学上称之为"谎话癖"。

在我们认为根本没有必要说谎的情况下,患有谎话症的人依然会说谎,有时会凭空捏造故事欺骗朋友,甚至将欺骗别人当作一种成就,为此沾沾自喜。他们在心理上对说谎产生了依赖,无法自控。由于他们撒谎成性,因此他们在撒谎时镇定自若,丝毫让人察觉不到他们在撒谎,甚至他们自己都信以为真。

6.4.2 说谎动机大揭秘

说谎这一行为看似十分简单,但说谎动机大有深意,十分复杂。下面就通过图 6-9 为你揭秘说谎动机。

戏弄他人	通过说谎从别人的反应中获得心理上的满足
获取利益	通过说谎获得某种利益,如物质利益或者名誉等
博得关注	通过说谎博得他人关注,炫耀自己
保护自己	通过说谎逃避和推卸某种信任,避免自己被责罚
回避痛苦	通过说谎极力表现自己一切都好,避免痛苦的回忆
进行报复	通过说谎施加报复,发泄心中的敌意
异想天开	通过说谎表达头脑中幻想的内容,一般出现在孩子身上

图 6-9

说谎是一种不好的行为,不仅伤害自己,也伤害他人和社会,所以应避免说谎话,真诚对待他人和自己。

6.5 选择困难：谁来帮我做决定？

【性格趣谈】

在工作中你们有没有遇到过这种人？他们有着较强的工作能力，在领导的明确指示下，能很好地完成领导所安排的任务。但如果有事情需要他们自己来做决定时，他们就会犹豫不决，束手无策。

你有没有出现过类似的情况？比如，没有判断能力，做事犹豫不决，缺乏自主性，总是依赖他人，需要他人的指导和帮助；一旦没有了依靠就会恐慌、焦虑；缺乏主见，容易人云亦云，盲目跟从；缺乏自信，在意别人的看法。如果存在这些情况，就要注意了，你很有可能存在性格缺陷。那么，你知道这是一种怎样的性格缺陷吗？

6.5.1 让人左右为难的依赖型人格障碍

缺乏独立意识，缺少判断力，犹豫不定，左右为难，没有主见，我们通常称这种行为为选择困难。在心理学上，这种行为是一种性格缺陷，称为"依赖型人格障碍"。

实际上，在日常生活中，患有依赖型人格障碍的人有很多。他们基本上都或多或少地存在以下特征，如表 6-1 所示。

表 6-1 依赖型人格障碍的特征

依赖型人格障碍的特征	缺乏自主性，不具备独立思考和做事的能力
	失去了他人的建议，便不能对事情做出决策
	容忍度很高，即便自己不愿意做的事情也会去做
	在重大决定面前，需要他人的帮助
	在意别人的评价，当没有获得赞许或遭遇批评时，心情会很低落
	担心被人遗弃，导致即使他人有错，也会随声附和
	缺乏安全感，大脑中总是出现被他人遗弃的念头
	一旦亲密的关系终止，将十分失落，甚至情绪崩溃
	害怕孤独，不愿一个人自处

看一看你是否具有上述特征中的五项，如果是，那么就可以确定患有依赖型人格障碍。

6.5.2 直面依赖型人格障碍，不再左右为难

面对依赖型人格障碍不要害怕，可以通过以下方法来加以矫正。

🌸 学会改变自己

拒绝依赖型人格，首先要学会改变自己，分析自己的行为习惯，了解自己为什么总是依赖他人，确定哪些事情可以自己做决定。比如，按照自己的想法穿自己喜爱的衣服上班，而且不因别人的想法而放弃，坚持自己的风格。这虽然是比较小的事情，但可以作为试着改变自己的一个入口。

🌸 找个信赖的人监督自己

依赖性格一旦形成，是很难改变的。此时，为了坚定矫正的信念，不妨找你非常信赖的人来监督你，这样你就不会半途而废，又重新回到旧的轨迹上。

🌸 重拾自信

想要不再左右为难，不用在面对事情时犹豫不决、束手无策，就要抛开自卑，重拾自信。你可以通过锻炼找回自信，如去做一些稍微带有冒险性的运动，或者参与公共活动，在公共场合发表演说等。相信通过这样的锻炼，自信会慢慢回到你身边。

【指点迷津】

拒绝依赖型人格，从小做起

拒绝依赖型人格，避免形成依赖型人格，就要从小做起。一般很多患有依赖型人格障碍的人都源于童年的依赖需求得不到满足，以至于成年之后这种依赖心理变成遗憾而持续保留。

> 在孩子眼中，父母就是他们的依靠；在父母眼中，孩子就应该被无限宠爱。但如果父母的宠爱变为溺爱，任由孩子依赖，不为孩子创造自己的环境，那么孩子将来会一直依赖父母而不能独立生活。待孩子成年之后，他们就会缺乏独立自主的能力，不具备决策能力，不愿意承担义务和责任，从而形成依赖型人格。
>
> 所以，希望广大父母在宠爱孩子的时候不要溺爱孩子，为孩子营造一个独立的空间，让孩子将来可以自由翱翔。

6.6 分裂：没有人能懂我

【性格趣谈】

《致命ID》这部电影你是否看过？如果你看过，你是否被电影中主人公的11个形象不同、气质各异、情感分明的人格震惊？相信你的第一反应就是此人人格分裂或者精神分裂。真的如你所想的是人格分裂或精神分裂吗？其实不然。电影中的主人公所患的精神疾病实际上是"分裂性格缺陷"，在心理学中称为"分离性身份识别障碍"。

6.6.1 认识分裂性格缺陷

什么是分裂性格缺陷？实际上，分裂性格缺陷就是我们通常所说的"双重人格"或"多重人格"，也就是一个人的性格中有两种或两种以上的性格特征，而且这些性格特征往往相互对立、相互矛盾。

存在分裂性格缺陷的人往往比较孤僻，他们情感冷淡，沉默寡言，不善交际，不喜热闹，朋友很少。他们深陷痛苦之中，却发现不了自身的问题。

存在分裂性格缺陷的人都有哪些表现呢？下面通过图 6-10 来为你具体呈现。

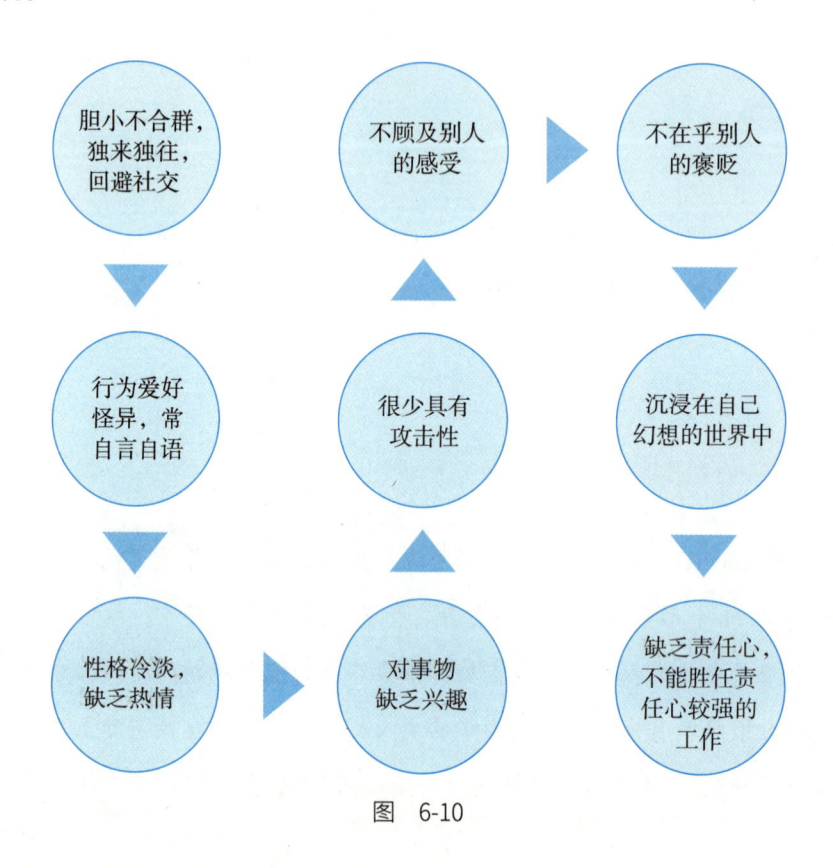

```
胆小不合群，          不顾及别人          不在乎别人
独来独往，            的感受              的褒贬
回避社交
    ↓                   ↑                   ↓
行为爱好              很少具有            沉浸在自己
怪异，常              攻击性              幻想的世界中
自言自语
    ↓                   ▶                   ↓
性格冷淡，            对事物              缺乏责任心，
缺乏热情              缺乏兴趣            不能胜任责
                                         任心较强的
                                         工作
```

图 6-10

6.6.2 不能任由分裂性格缺陷继续发展

可不要小看了分裂性格缺陷，如果任由其发展，就会演化成精神分裂症，所以一旦发现自己或身边的人有这种性格缺陷的症状，应及时加以纠正和治疗。下面就介绍几种心理训练的方法。

❖ 使情感不再冷淡

纠正分裂性格缺陷，首先要使冷淡的情感回温，对外界充满好奇和希望，如感受艺术、自然，欣赏自然风光，从而陶冶情操，对世界充满热爱，纠正情感冷淡的性格缺陷。

❖ 培养兴趣

激发兴趣，培养爱好，是纠正分裂性格缺陷的好方法。可以对自己的性格缺陷进行分析，重新认识自己，为自己制订积极的人生目标，并为之不断努力；还可以培养广泛的爱好，如运动、绘画、唱歌等，使自己的生活更加多彩。

❖ 加强社交能力

独来独往的分裂性格缺陷者可以通过广泛参与各种活动来锻炼自己的社交能力。例如，参加集体活动，以此培养积极的社交心态；主动结交朋友，相互之间坦诚相见，互帮互助。

性格心理学
性格解密与养成

6.7 冷漠：不关我的事

6.7.1 回避型人格障碍患者到底有多冷漠

有时生活中难免会遇到这种人，他们的心理十分自卑，行为退缩不前，面对挑战不是回避就是无法应对。这类人可能患有回避型人格障碍，或者称"逃避型人格障碍"。

到底是什么原因导致这种性格的形成呢？其主要原因是自卑心理。那么，自卑心理又起源于哪里呢？实际上，自卑心理形成的原因有很多，如生理缺陷、出身、经济地位等。

如何判断一个人是否患有回避型人格障碍呢？或者说回避型人格障碍都体现出哪些特征呢？下面就通过图6-11为你展示其特征。

你不妨测一测，如果符合图6-11中的其中四项特征，就基本可以诊断为回避型人格了。

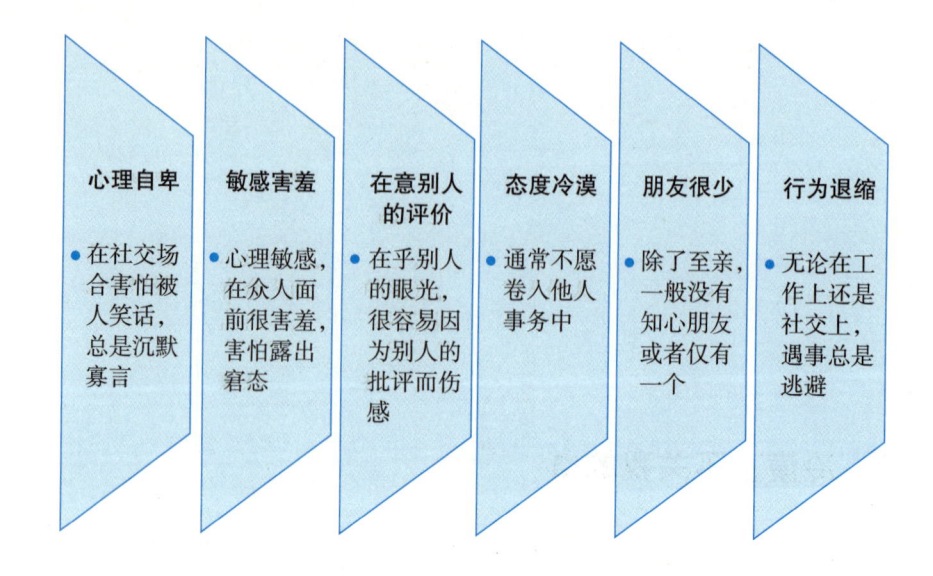

心理自卑	敏感害羞	在意别人的评价	态度冷漠	朋友很少	行为退缩
• 在社交场合害怕被人笑话，总是沉默寡言	• 心理敏感，在众人面前很害羞，害怕露出窘态	• 在乎别人的眼光，很容易因为别人的批评而伤感	• 通常不愿卷入他人事务中	• 除了至亲，一般没有知心朋友或者仅有一个	• 无论在工作上还是社交上，遇事总是逃避

图 6-11

6.7.2 掌握训练方法，遇事从此不再回避

如果患有回避型人格障碍也不用担心，只要掌握了好的训练方法，也是可以矫正的。下面就介绍几种训练方法。

✿ 努力根除自卑感

自卑感是形成回避型人格的主要原因，所以首先要根除自卑感。自卑感的形成又源于对自己的认识，所以要根除自卑感，首先要正确认识自己。如何正确认识自己呢？可以从发现自己的优点入手，充分肯定自己，认识到人无完人，其他人也是有不足之处的。在必要的时候可以进行积极的自我暗示，鼓励自己，告诉自己是可以的。只有肯定自己，自我评价良好，才能提升自信，驱走自卑感。

鼓励自己积极社交

回避型性格的人不仅自卑，而且不喜社交，所以鼓励自己积极社交是很有必要的。具体可以设定一个交友的计划，从低级到高级逐步实施，如图 6-12 所示。

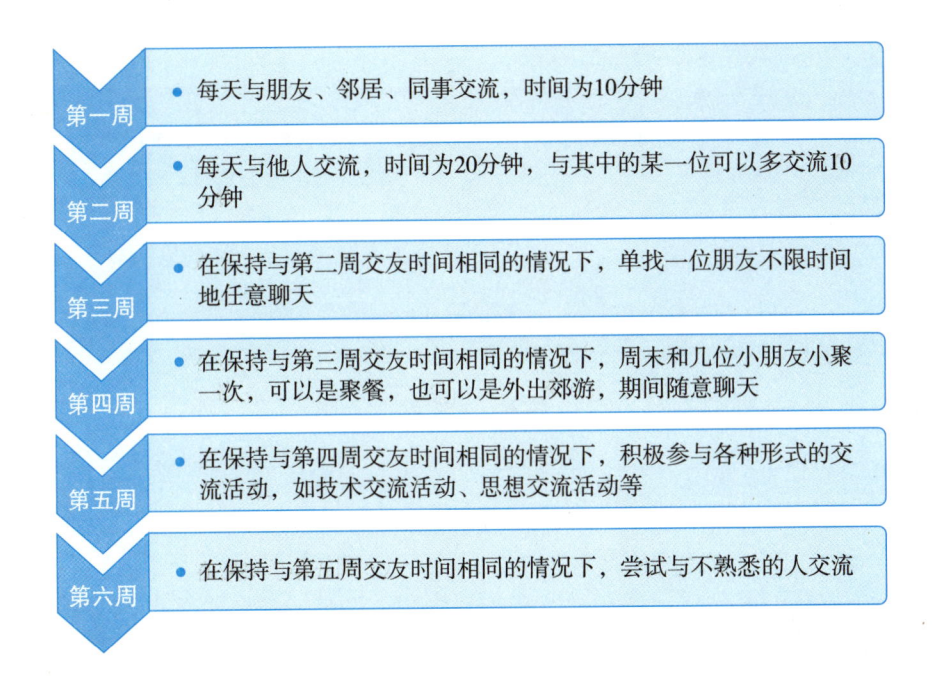

第一周：每天与朋友、邻居、同事交流，时间为10分钟

第二周：每天与他人交流，时间为20分钟，与其中的某一位可以多交流10分钟

第三周：在保持与第二周交友时间相同的情况下，单找一位朋友不限时间地任意聊天

第四周：在保持与第三周交友时间相同的情况下，周末和几位小朋友小聚一次，可以是聚餐，也可以是外出郊游，期间随意聊天

第五周：在保持与第四周交友时间相同的情况下，积极参与各种形式的交流活动，如技术交流活动、思想交流活动等

第六周：在保持与第五周交友时间相同的情况下，尝试与不熟悉的人交流

图 6-12

看似简单的梯级任务实施起来并不轻松，所以最好找一个监督员来监督执行。当一步步完成上述任务之后，就会发现，不仅不再自卑，而且信心倍增，遇事也不会只想着逃避了。

性格心理学

性格解密与养成

6.8 自恋：美少年纳喀索斯

【性格趣谈】

纳喀索斯（Narkissos）是希腊神话中的一位美少年。有一天，去林中打猎的纳喀索斯又累又渴，他发现了一片湖水，准备俯身去喝水，却被自己的影子吸引，甚至难以自拔地爱上了自己的影子，但他全然不知那是自己的影子。终于有一天，他痴恋成狂，无法忍受煎熬和痛苦，慢慢变得消沉，最终痛苦而死，死后化成了水仙花。

你知道美少年纳喀索斯这种自恋成疾的病症是什么吗？其实就是心理学上的"自恋症"，而且"自恋"这个概念就源于这个故事。

6.8.1 只爱自己的自恋型人格

在患有自恋型人格障碍的人心里，似乎总有这样一种声音"我不爱自己谁爱我"。他们盲目夸大自己的价值，缺乏对他人的公感性，认为自己是一个特殊的存在，只有特殊的人才能理解自己。他们自命不凡，以自我为中心，过分看重自己，渴望得到别人的注意，对别人的评价极为敏感，缺乏同情心。

下面通过图6-13，带你清晰了解自恋型人格障碍的特征。

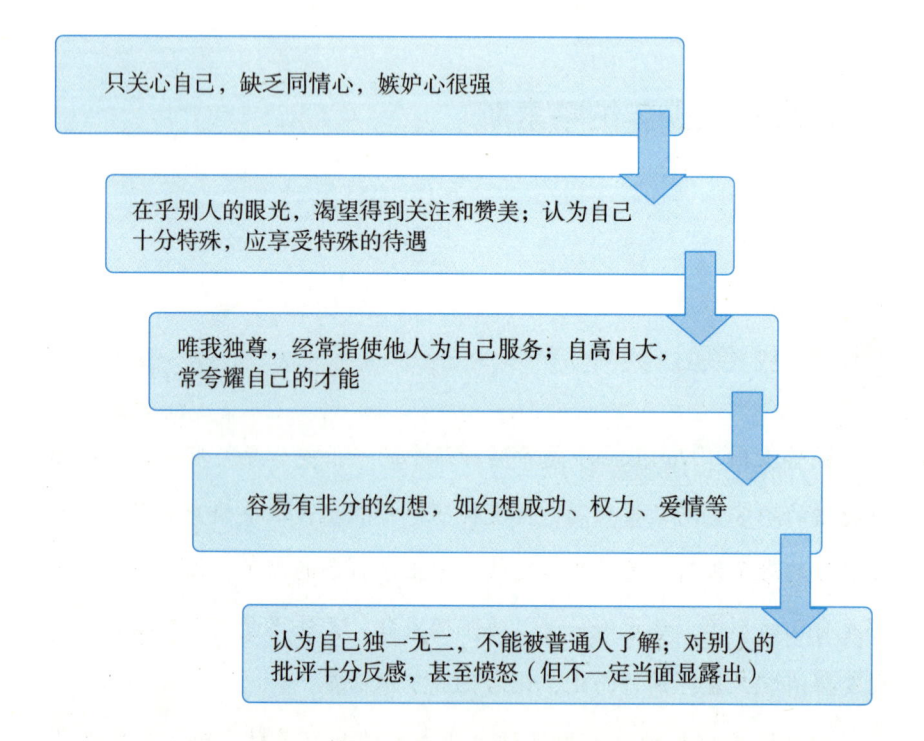

- 只关心自己，缺乏同情心，嫉妒心很强
- 在乎别人的眼光，渴望得到关注和赞美；认为自己十分特殊，应享受特殊的待遇
- 唯我独尊，经常指使他人为自己服务；自高自大，常夸耀自己的才能
- 容易有非分的幻想，如幻想成功、权力、爱情等
- 认为自己独一无二，不能被普通人了解；对别人的批评十分反感，甚至愤怒（但不一定当面显露出）

图 6-13

具有自恋型人格的人在与他人交流中最喜欢使用中心词"我"，如"我认为这个事情这么做不好""我不是跟你说过了吗""我认为你这个想法不新颖"。这实际上也体现了他们以自我为中心的观念。

6.8.2 爱自己也爱他人

爱自己是无可厚非的，但爱自己的同时也要爱他人。一旦发现患有自恋型人格障碍，应及时进行心理治疗，具体可以采用以下两种方法。

❀ 避免以自我为中心

几乎所有患有自恋型人格障碍的人都有着以自我为中心的观点。为了消除这一观念，应该进行深刻的自我反省。可以详细罗列自己认为不被别人喜欢的性格或别人对自己的评价，看看哪些反映的是以自我为中心的，以便对自己有一个充分的认识。比如，看到别人成功就羡慕嫉妒；自己高高在上，喜欢指使别人等。

在纠正的过程中，还可以找一位身边的亲人或朋友来监督自己，一旦发现以自我为中心的行为，就提醒、督促你及时改正。经过一番努力之后，以自我为中心的观念就会逐渐消失。

❀ 学着去爱他人

要想真正消除自我中心观，还要学会去爱他人，如当别人需要帮助时，给予必要的帮助，当别人生病时，送上一句问候。当体会到爱别人的快乐时，自恋症也就慢慢消失了。

【随机提问】

1. 你知道什么是社交恐惧症吗？你知道如何自我治疗社交恐惧症吗？

2. 你身边有患有强迫症的朋友吗？他们都有着怎样的行为特点呢？你知道如何克服强迫症吗？

3. 你是偏执型人格吗？你知道如何远离偏执型人格吗？

4. 你身边有没有说谎成性的人呢？你知道经常说谎是一种病吗？你知道经常说谎的人有哪些动机吗？

第 7 章
性格完善：更智慧地生活

我们了解性格、认识性格，是为了更好地与自己相处、与他人相处，活出幸福、精彩的人生。在了解性格类型、性格色彩、性格缺陷之后，如果你对具体性格仍不能判定，不妨试一下性格测试，深入了解自己，并学会悦纳自己、尊重他人，通过比较、分析与学习，不断完善性格，培养优良的性格，从而成就更完美的自己。

性格心理学
性格解密与养成

7.1 测一测你是什么性格

7.1.1 你是内向性格,还是外向性格?

有人说,"最了解自己的人,是自己",也有人说,"你远没有你想象中那么了解自己"。那么,你究竟是否了解自己呢?

不妨先来回答一个简单的问题:你是内向性格,还是外向性格?(图7-1)

图 7-1

面对这个问题，有很多人都存在这样的疑惑：我很难说清楚我到底是内向，还是外向。我有亲和力，能和同学、同事打成一片；但有时候，我不愿意、也不想参与到群体活动中，我宁愿自己待着，尽管会有些孤独，但这样也不算太坏。

【指点迷津】

心理定势

当我们与外界发生联系时，我们的心理会有两种倾向，一种是亲近外界联系，一种是有所回避或拒绝与外界联系。人的这种心理倾向，被称为"定势"。这一观点是瑞士心理学家荣格在1913年提出的。

荣格认为，人的"心理定势"是人在性格上的内向、外向的重要判断依据，内向型、外向型是个体性格的最基本类型。

如果你没有办法确定自己是内向性格，还是外向性格，下面这个性格测试将很好地帮助到你。

请你放轻松，不要有任何心理压力，参考学者邹宏明对性格的分析，这里整理汇总了表7-1中的60个小问题。请你尽量不要思考，靠第一反应给出答案，回答"是""否"或"不确定"。让我们开始吧。

表 7-1　内向—外向性格测试

序号	问　　题	回答选项		
		是	否	不确定
1	喜欢一个人独处			
2	喜欢刨根问底			
3	不喜欢社交活动			
4	不喜欢轻易向人吐露心声			
5	不喜欢体育运动			
6	不善于辩解			
7	当在很多人面前说话时，会感到不自在			
8	觉得与陌生人相处很难			
9	集体中，与人交流和独处，更喜欢后者			
10	遇到困难不解决誓不罢休			
11	凡事有主见			
12	常常犹豫不决			
13	常常因表现不好而沮丧			
14	喜欢和他人做比较			
15	时常羡慕别人			
16	非常在意别人的看法			
17	总会把家里打扫得一尘不染			
18	面对异常情况，会天马行空联想很多			
19	不快乐时，能不露声色			
20	做事细心			
21	做事有计划			
22	注重个人形象维护			

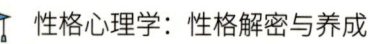

(续表)

序号	问 题	回答选项		
		是	否	不确定
23	能将一本书反复看很多遍			
24	做事专心,能不被外界干扰			
25	书写时,总是很工整、页面干净			
26	对他人的印象不会轻易改变			
27	买东西喜欢货比三家			
28	不会长时间生气			
29	常常担心自己会失败			
30	自信,认为"不鸣则已,一鸣惊人"			
31	喜欢表现自己			
32	喜欢被人注意到			
33	喜欢高谈阔论			
34	喜欢交朋友,喜欢与朋友在一起			
35	喜欢想象未来的生活、工作			
36	喜欢表露内心,喜形于色			
37	喜欢帮助别人			
38	自来熟,总是与人一见如故			
39	在众人面前发言总是落落大方			
40	遇到喜欢的东西会立刻买下来			
41	能接受别人的建议或意见			
42	朋友都说你是一个爽快的人			
43	朋友的话常常没说完你就能听懂、领悟			
44	遇到困难不轻易放弃			

（续表）

序号	问 题	回答选项 是	否	不确定
45	别人的事情，不太关注			
46	对自己有信心，觉得自己不比别人差			
47	不习惯长时间看书			
48	不注重外表			
49	容易忘事，即使做了亏心事也很快忘记			
50	经常忘记东西放在哪里			
51	答应别人的事，也容易忘记			
52	兴趣广泛，但往往"三分钟热度"			
53	做事情，追求速度不追求质量			
54	热情来得快、去得快			
55	开会时，常和同事小声讨论			
56	喜欢看球赛			
57	做错事，会承认错误并改正			
58	容易原谅别人			
59	不惧怕做以前没有尝试过的事			
60	能和不同的人成为朋友			

测试结果分析：
1~30题，每小题："是"计0分；"否"计2分；"不确定"计1分；
31~60题，每小题："是"计2分；"否"计0分；"不确定"计1分。
>90分，外向性格；51~70分，外向与内向混合性格；<30分，内向性格。
分数越高，性格越外向；反之越内向。

认真回答表7-1中的问题，并计算得分。现在，你知道自己的性格是内向性格还是外向性格了吗？

7.1.2 九种人格，你属于哪一种？

在本书第二章，我们了解了人格的九种类型，它们分别是完美型、助人型、成就型、自我型、理智型、疑惑型、享乐型、领导型、平和型。

你觉得自己属于哪一种人格呢？"好像每一种人格的特点我都有，但是好像这类人格的一些特征我又不符合"，到底该怎么判断呢？

同一事件，不同性格反应不同（图 7-2）。一个人的人格并不是一个"非黑即白"的判断题，而是更倾向于哪一种人格。

怀疑　　　　　　　平常心

无语　　　　　　　震惊

图 7-2

通过不同人对事件的不同态度与表现，我们可以判断这个人更偏向哪一种人格。针对不同类型的人格，设计与之相对应的事件和问题，可以帮助我们更好地了解我们的人格类型。

受邹宏明对性格心理学分析的启发，这里设计了表 7-2 至表 7-10，针对不同人格设计了一些问题，请认真阅读并回答问题，在与自己相符的问题后对应空格内打对勾。

表 7-2　完美型人格测试

序号	问　　题	标记（√）
1	朋友总说我看上去很严肃	
2	我常对自己挑剔，力求凡事做到完美	
3	看到有人做不好分内之事，我会失望	
4	我想忍住不批评，但我做不到	
5	他人做事我不放心，宁愿自己做	
6	我讲道理，重视实用	
7	我不太懂幽默	
8	我注重细节，做事效率不高	
9	我喜欢紧张刺激，而非稳定依赖的关系	
10	我讨厌某人时，我会直接表态或激怒对方离开	
11	秩序对我来说很重要	
12	无论做什么，我都会井井有条，但朋友说我太过执着	
13	别人认为我有些唠叨	
14	我不喜欢别人的热情拥抱	

总计"√"数量为（　　　）个

表 7-3　助人型人格测试

序号	问　　题	标记（√）
1	给予他人帮助让我快乐	
2	帮助不到别人我会感到痛苦	
3	我习惯付出多于接受	
4	当遇到困难时，我怕麻烦别人，尽量不说	
5	我知道怎样做会让别人喜欢我	

(续表)

序号	问题	标记（√）
6	我对人热情、有耐心	
7	我很容易知道他人的功劳和好处	
8	帮助别人是一件有成就的事	
9	我的付出不被认可时，我会很沮丧	
10	我经常为帮助别人而奔波	
11	我是"知心大姐/大哥"，朋友们都喜欢向我倾诉	
12	很多时候我会感觉寂寞	

总计"√"数量为（　　　）个

表 7-4　成就型人格测试

序号	问题	标记（√）
1	朋友总说看不透我	
2	我习惯推销自己	
3	我喜欢受到别人的关注	
4	我口才很好，能轻易说服别人	
5	我模仿能力强，会找捷径，做事效率高	
6	我总是精力旺盛、很兴奋	
7	我喜欢挑战、追求成就，这让我很充实	
8	我不太容易看到别人的功劳和好处	
9	我时常自夸	
10	我喜欢向别人分享我所做的事和所知道的一切	
11	我喜欢跟别人比较，嫉妒心强	
12	有时为追求效率，我会放弃原则	

总计"√"数量为（　　　）个

表 7-5　自我型人格测试

序号	问　　题	标记（√）
1	我比较情绪化	
2	我渴望拥有完美的心灵伴侣	
3	我很难找到一种让我感到真正被爱的关系	
4	我经常感到被遗弃了	
5	我时常不知道自己下一刻想做什么	
6	我想象力丰富，喜欢把事情重新整合	
7	不太熟悉我的人，认为我冷漠、高傲	
8	我内向，时常很忧郁	
9	我总能轻易地感受到生活中的悲伤和不幸	
10	我认为自己不够完美	
11	被人误解，会让我很痛苦	

总计"√"数量为（　　）个

表 7-6　理智型人格测试

序号	问　　题	标记（√）
1	我爱哲学，喜欢思考	
2	当有人问我问题时，我总是耐心解释直到他明白为止	
3	我不喜欢别人问我笼统的问题	
4	我喜欢自己解决问题，有时独断专行	
5	我彬彬有礼，包容力强，交友总是"君子之交淡如水"	
6	如果不能完美表态，我宁愿不表态	
7	我一般不会主动接近他人	

211

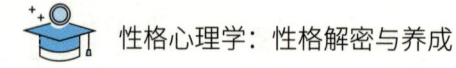

（续表）

序号	问题	标记（√）
8	我不喜欢强制履行义务的感觉	
9	我不想让别人猜透我的想法	
10	我对社交不感兴趣，除非有特别熟悉的人	
11	在人群中，我会感到不安	
12	我被动，优柔寡断	
13	我不喜欢情绪化的人	

总计"√"数量为（　　）个

表 7-7　疑惑型人格测试

序号	问题	标记（√）
1	我是忠实的朋友和伙伴	
2	为了判断对方是否在乎我，我会故意和他/她争吵	
3	面对威胁，我会焦虑，也会对抗威胁	
4	我常常保持警觉	
5	当我沉浸在工作或爱好中，别人会觉得我冷酷无情	
6	在重大危机中，我通常能克服焦虑	
7	有时我希望得到指导，但常常会忽视别人的忠告	
8	我讨厌虚伪的人	
9	我有时充满信心，有时又优柔寡断	
10	我没有安全感，时常会试探朋友或爱人的忠诚	
11	我常常预想糟糕的结果，这让我苦恼，但很难不去想	

总计"√"数量为（　　）个

第 7 章　性格完善：更智慧地生活

表 7-8　享乐型人格测试

序号	问　题	标记（√）
1	我喜欢丰富多彩、有变化的生活	
2	我很关注自己是否年轻，年轻是享乐的资本	
3	我对感官需求强烈，喜欢美食、美衣、运动	
4	人生应该是快乐的，我们可以做很多有趣的事情	
5	我时常做一些放纵自己的事情	
6	我会制订很多很多计划	
7	我喜欢和有趣的人做朋友，不喜欢沉闷的人	
8	我喜欢说俏皮话、开玩笑，不太关注别人的内心	
9	我不喜欢承诺，那样可能会让我失去自由	

总计"√"数量为（　　）个

表 7-9　领导型人格测试

序号	问　题	标记（√）
1	我崇尚正义，会支持弱者	
2	我要求光明正大，为此不惜与人发生冲突	
3	我喜欢高效率做事，不喜欢拖泥带水	
4	如果有人做了过分的事，我一定会让他难堪	
5	我会极力保护我爱的人	
6	我喜欢按部就班	
7	我沉默寡言	
8	我有野心	
9	在某方面我有放纵倾向，如贪吃	
10	我喜欢独立自主	
11	我执着好强	
12	我讨厌懦弱的人，甚至会嘲笑、羞辱他们	

总计"√"数量为（　　）个

表 7-10　平和型人格测试

序号	问　　题	标记（√）
1	身体舒适对我来说很重要	
2	我会妥协，去适应别人	
3	我时常会迷惑	
4	我容易感到沮丧和麻木	
5	我时常令人捉摸不定	
6	我容易认同别人为我做的事	
7	我常常拖延	
8	我温和平静，不太喜欢与人争抢	
9	我不太在乎是否得到别人的关注	
10	我常常会忘记自己的需求	
11	我很在乎我的家人，我对家人很包容、很忠诚	
12	我很难信任一个我不了解的人	
13	我不想争辩，即使受到了批评，没有必要发生冲突	

总计"√"数量为（　　　）个

通过各个表格的问题测试，哪个表格中的"√"数量越多，就说明哪一种类型的人格中所描述的情况与你本身的情况越相符，也就说明你的人格类型更偏向于哪一种。

7.2 没有哪一种性格是完美的

【性格趣谈】

当前，追星已经不是热门话题，有些粉丝是"颜值控"，有些粉丝是"性格控"，尽管有时"爱豆"的性格可能是被塑造出来的。这种性格的标签化就是"人设"。

而且不管"爱豆"是什么性格，霸道总裁也好，"铁憨憨"也好，女强人也好，邻家小妹也好，在粉丝眼中，"爱豆"的性格都是完美的。但世界上真的有哪一种性格是完美的吗？

你觉得什么样的性格是完美的性格？

性格是个人的一种典型的心理特征，受先天因素和后天教养的双重影响。正所谓"尺有所短，寸有所长"，每一种性格都有它的优势，也有它的不足，世人千千万，性格各不同，没有哪一种性格是完美的（图7-3）。

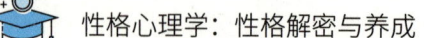

图 7-3

你必须充分认识到的是,每一个人的性格不同,只是不同,并没有优劣之分。

没有谁的性格是绝对优越的,也没有谁的性格是一无是处的。从不同的角度来看同一种性格,可能会有完全相反的好或坏的性质评价。

例如,很多性格孤僻、怪异的人,常常令周围的人难以理解,如林黛玉,但几乎所有读过《红楼梦》的人都不得不承认,林黛玉是最有才情的,也正是因为她孤僻敏感的性格,才能让她捕捉到生活中更深刻的景象与感悟。许多著名的科学家、文学家、艺术家也都是性格内向孤僻的人,但他们有的科学贡献无人能比,有的留下了许多具有文学、艺术、社会价值的作品,如爱因斯坦、牛顿、曾国藩、王国维、海子等,他们都是这样的人。

正所谓"人无完人",这世界上也不存在完美的性格。

7.3 找到自己的性格优势

我们之所以要了解性格，就是为了调整性格，发挥性格优势，不断完善自我。

这里从职业性格的角度来进行分析，并帮助你找到自己的性格优势，从而找到适合自己的工作，并最终拥有更快乐和幸福的人生。

现代社会，无论男女，如果职业选择失策，很可能会在人生道路上走很多不必要的弯路。

不同职业对从业人的性格有一定的要求，一定的性格有其所适应的职业范围（牧之，2017），具体可参考图 7-4、表 7-11。

图 7-4

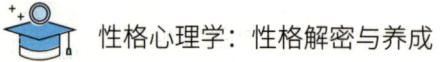

表 7-11　职业性格及职业匹配

职业性格	性格表现	适合职业
变化型	（1）能很快适应新环境 （2）喜欢新颖的工作 （3）喜欢多变内容或情境的工作 （4）不喜欢预先做明确详细的工作计划 （5）讨厌需要耐心、细致的工作	销售、记者、演员等
重复型	（1）生活有规律 （2）能专心做事，不容易分心 （3）不喜欢受意外干扰而中断正在做的事 （4）喜欢按照设定的模式做事 （5）能长时间做单调的工作	印刷工、纺织工、机床工、流水线工人等
服从型	（1）喜欢按批示做事，不考虑太多，只做事 （2）喜欢别人来检查工作 （3）不喜欢自己做决定 （4）喜欢工作任务被安排得明确 （5）喜欢一丝不苟直到圆满完成任务	秘书、翻译、办公室职员等
独立型	（1）喜欢独立做工作计划 （2）能处理好突发事件 （3）能对自己的工作负责任 （4）喜欢紧急情况下果断做决定 （5）头脑灵活，爱学，能出主意	管理者、警察、律师、侦察兵等
协作型	（1）喜欢结交新朋友 （2）喜欢在没有个人秘密的场所工作 （3）忠于他人、待人友好 （4）喜欢交流 （5）喜欢集体活动	社会工作者、咨询人员等
劝服型	（1）理解问题比别人快 （2）善于争论 （3）善于说服别人 （4）善于让别人按你的意愿做事 （5）善于鼓舞别人	行政人员、作家、宣传工作者、辅导人员等

（续表）

职业性格	性格表现	适合职业
机智型	（1）机智灵活、反应灵敏 （2）能临场不惧、临场不慌 （3）能知难而退 （4）能冷静处理突发事故 （5）能在复杂情况中果断做决定	驾驶员、消防员、飞行员、救生员、公安人员等
表现型	（1）喜欢表达自我 （2）喜欢讨论 （3）喜欢参加各种活动 （4）不喜欢模仿别人，相信自己的判断 （5）没有社交恐惧	演员、诗人、画家、音乐家等
严谨型	（1）工作细致、努力、尽善尽美 （2）工作严谨、有始有终 （3）喜欢长时间钻研一个问题 （4）善于观察细节 （5）做事稳妥，不做无把握的事	会计、出纳、校对、统计员、打字员、图书管理员等

变化型职业性格不稳定，但善于转移注意力，能适应多变的工作内容与环境。

重复型职业性格无趣、呆板，但能有规则、高标准地完成工作。

服从型职业性格毫无主见，但能很好地完成目标明确的工作。

独立型职业性格强势、难亲近，但能独立负责事务，果敢。

协作型职业性格遇事难做决断，但配合能力好、有亲切感。

劝服型职业性格唠叨、爱争辩，但反应快、判断力强。

机智型职业性格有时过分自信，但遇事冷静、反应快速。

表现型职业性格敏感、常过度关注自我，但能在艺术领域有所成就。

严谨型职业性格刻板、严肃、孤傲，但能出色地处理细致烦琐的工作。

了解我们的性格优势，能帮助我们找到更加对口的职业，在从业过程中能更好地发挥性格优势，从而获得成功。

每一种性格都有优势，你要做的就是发现这种优势，并发挥出它的作用。

7.4 学习他人的性格优点

学习他人的性格优点，是一个与自己"和解"的过程，要做到这一点，并不简单。但是如果你做到了，你的生活会豁然开朗，仿佛打开了新世界的大门！

这里通过以下两种典型性格来阐述如何学习他人的性格优点。

7.4.1 完美型性格的自我和解与转变

完美型性格的人可以学习享乐型性格顺其自然的优点，从而解放完美主义者"作茧自缚"的枷锁。

有人觉得完美型性格的人，会把所有的事情都安排得妥妥当当，他们的生活也一定是完美的。事实真的如此吗？

实际生活中，一个完美型性格的人遇到另一个与自己完全契合的完美型性格的人或群体的概率真的太小了。

有一位完美型性格的先生，他凡事都追求完美、注重细节，但他的太太总是大大咧咧、不拘小节。婚后，他发现妻子习惯从中间挤牙膏，牙膏管中间总是有一个大坑；洗碗后水槽边上总是有很多水渍。在常人看来这些小事不值一提，但是这位完美型人格的先生不能容忍，为此他和太太吵过很多次。后来，这位完美型先生想开了，他学着慢慢接受妻子的这些习惯，他知道妻子洗衣、做饭、生孩子，付出了很多，自己应该回应妻子的付出。他甚至觉得为妻子把牙膏挤上去也算是一种付出，并且开始享受这种每天把牙膏挤上去的小小幸福。

最终这位完美型性格的先生，向享乐型性格学习和转变，与自己达成"和解"，不再苛求、不再斤斤计较，学会接受、学会享乐（图7-5）。

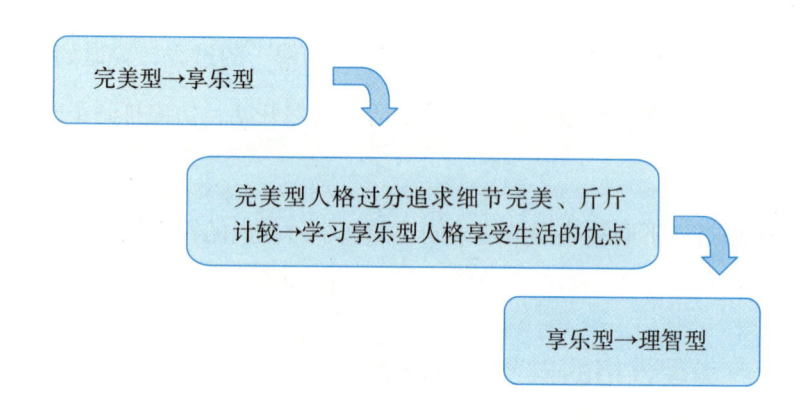

```
完美型→享乐型
    ↓
完美型人格过分追求细节完美、斤斤计较→学习享乐型人格享受生活的优点
    ↓
享乐型→理智型
```

图 7-5

7.4.2 疑惑型性格的自我和解与转变

疑惑型性格的人好像总是没有安全感，每天都生活在焦虑之中，这种紧张和压抑也会影响到周围的人，令他们的家人和朋友"苦不堪言"。

疑惑型性格的猜疑、多虑往往来自外界因素，如"领导会不会对我的工作不满意""今天孩子在幼儿园不会被其他小朋友欺负吧""下班不想回家，说不定又要与妻子吵架"。

当疑惑型性格的人认识到自己性格产生的原因后，将注意力从对外界因素的担忧转移到关注内在，就能认识到内心平和的重要性，学会像平和型性格的人那样自我暗示、追求安闲、顺其自然（图7-6）。

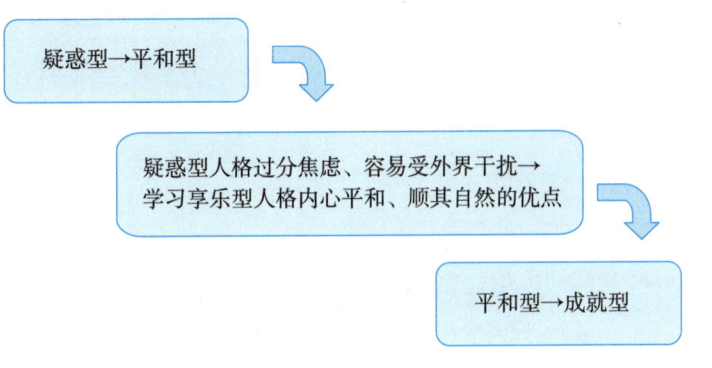

疑惑型→平和型

疑惑型人格过分焦虑、容易受外界干扰→学习享乐型人格内心平和、顺其自然的优点

平和型→成就型

图 7-6

一旦关注到内心的平和与宁静，疑惑型性格的人就不再会过分忧虑，会表现出放松，整个人都会开朗不少。

总之，不同性格类型的人，都可以结合自己的性格特点，从他人性格优势中吸取"营养"，滋养和完善自己的性格（图7-7、图7-8）。

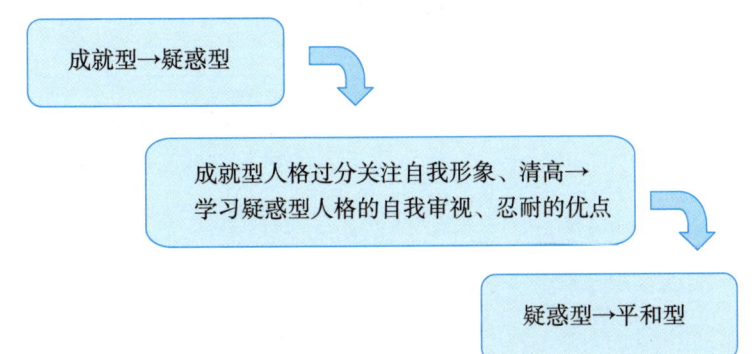

成就型→疑惑型

成就型人格过分关注自我形象、清高→学习疑惑型人格的自我审视、忍耐的优点

疑惑型→平和型

图 7-7

性格心理学：性格解密与养成

助人型→自我型

助人型人格忽视自我、过分关注他人想法→学习自我型人格的关注自己、照顾自己优点

自我型→完美型

自我型→完美型

自我型人格常孤独、孤傲、不合群→学习完美型人格自律主动、控制情绪的优点

完美型→享乐型

享乐型→理智型

享乐型人格可能放纵、无责任感→学习理智型人格观察、思考、专注的优点

理智型→领导型

```
理智型→领导型

    理智型可能刻板，过于严肃、严谨、守旧→
    学习领导型人格自信、敢于接受挑战的优点

            领导型→助人型

领导型→助人型

    领导型可能过于强势、掌控欲望强→
    学习助人型人格与人友好、亲近的优点

            助人型→自我型
```

图 7-8

必须提醒大家的是，学习他人的性格优势，要保持一个度，千万不要"用力过猛""刻意为之"。

性格心理学

性格解密与养成

7.5 悦纳自己，接纳他人

【性格趣谈】

不完美的成功者

如果你身边有这样一个人，你会不会喜欢他？

他偏执、强势，有时为了表达自己的观点，会夸张地利用肢体语言，手舞足蹈。

他喜欢辩论，总试图说服对方，如果有人与他观点不一致，会丝毫不留情面地指出对方的错误。

他脾气不好，如果有人激怒了他，他一定会暴跳如雷。

他吹毛求疵，经常严厉指责员工，甚至将人说得一无是处。"开会简直就是在受审"，员工大都不喜欢与他沟通。

这样的一个"他"，性格如此怪异，是不是很不可理喻？你会喜欢和这样的人接触吗？

如果告诉你，"他"是知名企业家、是拥有上亿身价的成功人士呢？你现在会想要和他做朋友了吗？

> 性格决定命运，尽管这位著名企业家有如此多的性格不足之处，但他是很多创业者的榜样。对于很多人来说，他是成功者，正是他不完美的性格助力成就了现在的他。

人无完人，每一个人，在大众眼中，无论成功与否，都一定会有性格良好和不足的一面。任何一个人都不可能脱离周围的一切人和事，而独自创造一个"成功"出来。因此，如果你想成功，就必须学会悦纳自己，同时学会接纳他人。

那么，如何做才能悦纳自己呢？

首先，要学会能客观地看待自己，不骄傲自满、自以为是，也不妄自菲薄、自暴自弃。

其次，要学会理性地审视自己，并尝试发现自己的性格优势（图7-10）。

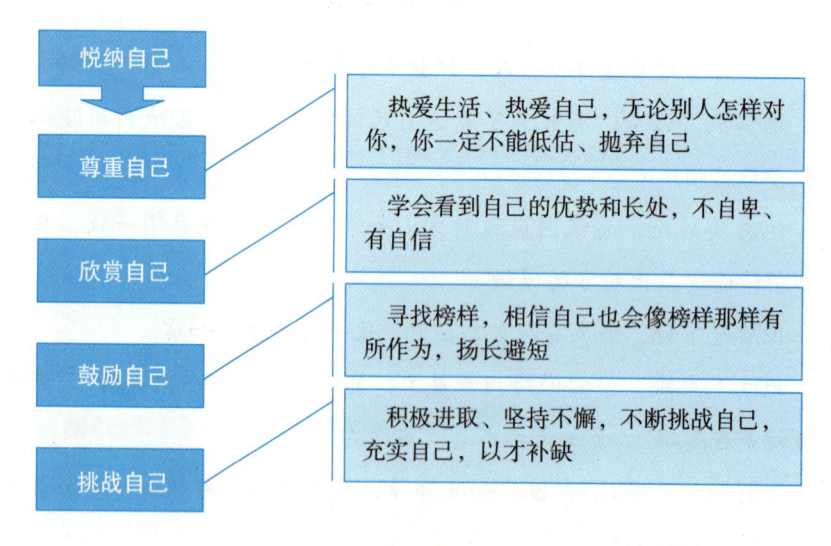

悦纳自己
- 尊重自己：热爱生活、热爱自己，无论别人怎样对你，你一定不能低估、抛弃自己
- 欣赏自己：学会看到自己的优势和长处，不自卑、有自信
- 鼓励自己：寻找榜样，相信自己也会像榜样那样有所作为，扬长避短
- 挑战自己：积极进取、坚持不懈，不断挑战自己，充实自己，以才补缺

图 7-10

第 7 章 性格完善：更智慧地生活

【指点迷津】

悦纳自己，不是放纵缺点，"破罐子破摔"。

自暴自弃，是对自己不负责任的表现。没有人的一生是一帆风顺的，那些你眼中的成功者，也有过许多不如意的时刻，我们可以失败、沮丧，但要吸取经验教训，绝对不能一蹶不振、厌恶自己，甚至轻生。

真正的悦纳自己是，我们要敢于接受自己的不完美性格和自己以往或现在不十分美好的经历，我们要能看到自己的不足，也要认清自己的优势，坦然面对，充满自信，并尝试通过努力去完善自己。

性格心理学
性格解密与养成

7.6 完善自己，培养优良的性格与品格

【性格揭秘】

性格障碍

所谓性格障碍，是指不伴有精神症状的性格适应性缺陷。具有性格障碍的人在某些环境中时，会产生强烈的、严重的不适应感，这种不适应会给本人带来痛苦，也可能会引发一些意外行为而伤害周围的人。

性格具有可塑性，我们要了解性格，并不断完善我们的性格。

没有完美的性格，不代表我们只能全盘接受我们的性格，任由我们的性格像荒原杂草般恣意生长。

我们要学会完善性格，摒弃性格障碍。

7.6.1 乐观自信

乐观自信的人往往生活幸福，也更容易成功。

乐观自信者总是对自己充满自信，相信自己最终能出色地完成各种任务，尽管一些事情看上去复杂、有很多困难，也敢于挑战。那么，如何成为一个乐观自信的人呢？乐观自信的性格如何培养呢？秘诀如图 7-11 所示。

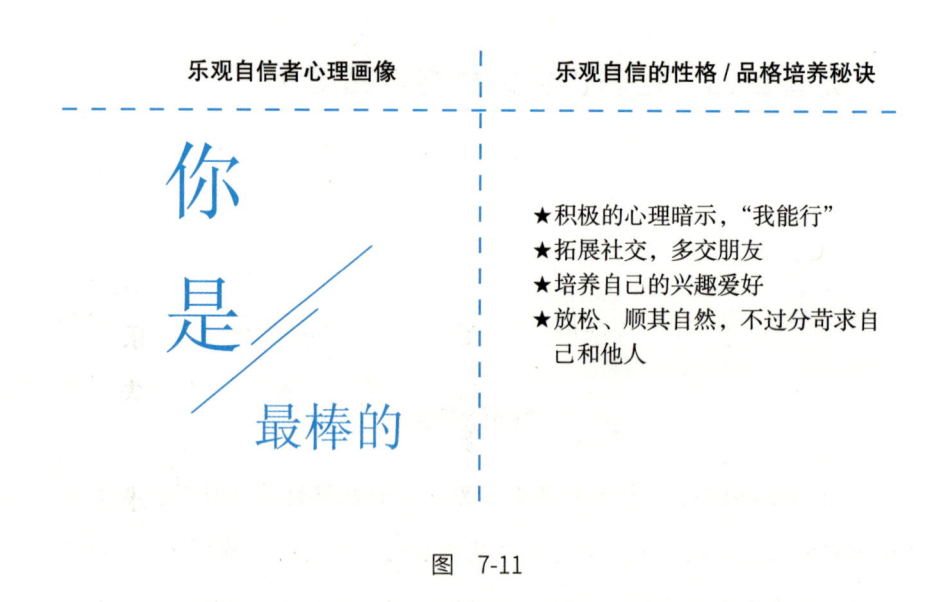

乐观自信者心理画像	乐观自信的性格/品格培养秘诀
你是 最棒的	★ 积极的心理暗示，"我能行" ★ 拓展社交，多交朋友 ★ 培养自己的兴趣爱好 ★ 放松、顺其自然，不过分苛求自己和他人

图 7-11

很多人从小羡慕别人家的孩子，长大后羡慕朋友同事，殊不知，其实自己也是独一无二的，应该相信自己的价值，要对自己有信心，技不如人就加倍努力，要始终对自己有信心。

7.6.2 诚实守信

诚实守信是中华民族的传统美德，也是我们应该养成的良好性格倾向，

第 7 章　性格完善：更智慧地生活

一个人如果不能言而守信，那么就会变得孤立。

没有人喜欢上当受骗，骗子是可恶的，在与人交往的过程中，避免上当受骗是现代人应该有的智慧，正所谓"己所不欲，勿施于人"，既然骗子让我们深恶痛绝，那我们自己就要拒绝做骗子，欺骗一定会让你失去信任你的人，失去亲人和朋友。

我们从小就知道诚信的可贵，《诚实的孩子列宁》一直是小学教材中的内容，是孩子们的榜样。莫泊桑的《项链》中，主人公马蒂尔德的爱慕虚荣令人不齿，但她诚实守信的品质却也值得称赞。

要成为诚实守信的人，就必须要做到从小事做起，遵守承诺（图 7-12）。

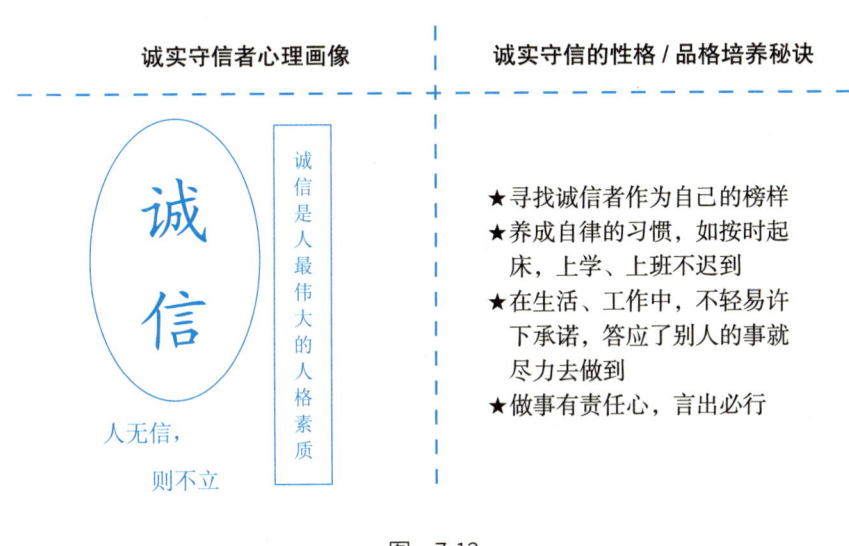

诚实守信者心理画像	诚实守信的性格/品格培养秘诀
诚信 诚信是人最伟大的人格素质 人无信，则不立	★寻找诚信者作为自己的榜样 ★养成自律的习惯，如按时起床，上学、上班不迟到 ★在生活、工作中，不轻易许下承诺，答应了别人的事就尽力去做到 ★做事有责任心，言出必行

图　7-12

诚实守信不仅让我们自己能坦荡做人，也能影响身边的人，对孩子的教育影响更是深远。"鲁子杀猪"的故事在我国流传甚广，鲁子的妻子要去集市，因不耐烦孩子的吵闹随口答应回来后给孩子杀猪炖肉，可妻子回来后并没有这样做。鲁子认为不应该欺骗孩子，要为孩子树立良好的榜样，于是把家里唯一的猪杀掉了。在诚实守信方面，父母是孩子最好的榜样。

7.6.3 勇敢坚强

勇敢坚强是个体非常重要的心理特征，是一种良好的性格表现，勇敢坚强的性格培养秘诀如图 7-13 所示。

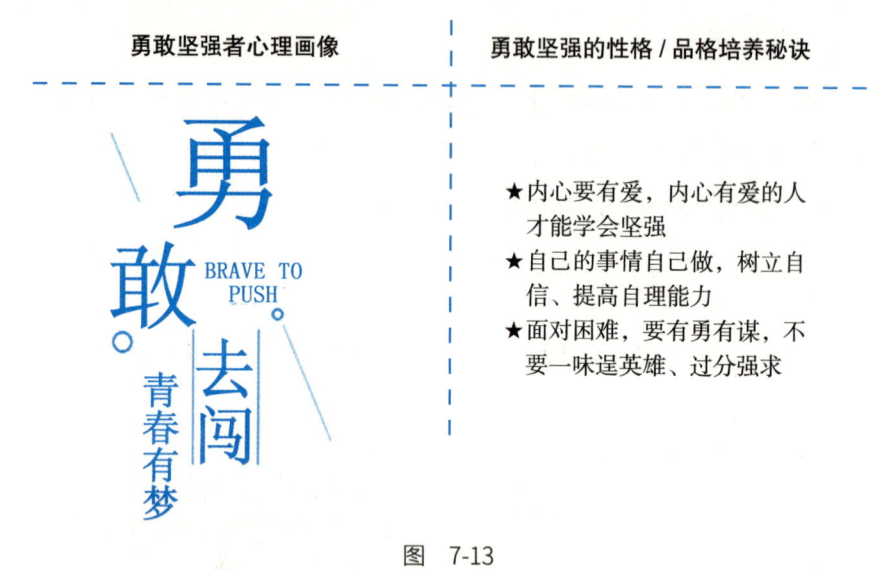

勇敢坚强者心理画像	勇敢坚强的性格/品格培养秘诀
勇敢去闯 青春有梦 BRAVE TO PUSH	★内心要有爱，内心有爱的人才能学会坚强 ★自己的事情自己做，树立自信、提高自理能力 ★面对困难，要有勇有谋，不要一味逞英雄、过分强求

图 7-13

7.6.4 活泼开朗

活泼开朗的人身边总是有很多朋友，和这样的人相处，总觉得生活充满了阳光，有青春活力。

如果你是一个性格内向的人，又渴望交到很多朋友，那你应该注重自己活泼开朗的性格培养，从而变得更加外向（图 7-14）。

活泼开朗者心理画像	活泼开朗的性格/品格培养秘诀
做人开心最重要 微笑 KAIXIN ZUI ZHONGYAO	★ 与开朗的人做朋友 ★ 看有趣的影视剧，学习有趣的人说话 ★ 创造一些条件，有意识地锻炼自己，如在集体面前发言、表演 ★ 多参加体育运动

图 7-14

需要特别提醒的是，如果你本身性格非常内向，而且觉得这样并无不妥，反而很享受自己独处的时间，属于一个天生"优雅安静"的人，那么也不要勉强自己，如故意表情夸张、故意搞笑，这样做反而不好。

7.6.5 谦虚谨慎

"谦虚使人进步，骄傲使人落后"，谦虚的人总是在默默努力，然后不断取得成功。谦虚的人，给人一种谈吐大方、温文尔雅的感觉，和这样的人在一起会让我们感觉很舒服。

谨慎是性格的一个重要表现，是一个良好的性格特征，谨慎的人做事会很大概率成功，这是因为他们事先做了足够充分的准备（图7-15）。

谦虚谨慎者心理画像	谦虚谨慎的性格/品格培养秘诀
敏而好学 不耻下问 谨言慎行	★ 多学、勤思 ★ "术业有专攻"，不清楚的事要多问，不要不懂装懂 ★ 要有责任心，能对自己做的决定和行动负责，如此才能言行谨慎 ★ "读万卷书不如行万里路"，如果有条件可以多旅游

图 7-15

越是成功的人，往往越低调、谦虚、谨慎。

谨慎的人，要在日常掌握好谨慎的度，避免过度谨慎，否则谨慎这个原本良好的性格特征就会变成性格不足的一种表现。

7.6.6 沉着冷静

沉着冷静的人总给人一种沉稳感，让人感觉他/她是成大事之人。这是因为沉着冷静的人善于观察、思考，总能深思熟虑。

老年人比年轻人更加沉着冷静，这与知识沉淀、社会阅历积累有关。一般来说，在同龄人中阅历丰富的人往往更沉着冷静。

当然，有人天生就是急性子，急性子的人才思敏捷、做事雷厉风行，但是这样的人如果能多几分沉着冷静，将会使性格更加完善（图7-16）。

沉着冷静者心理画像	沉着冷静的性格/品格培养秘诀
淡然 处事不惊、顺其自然， 一切都是刚刚好	★ 尝试在生活中做周密的活动计划 ★ 遇事三思而后行，事后多总结、思考 ★ 多参加体育运动，学会在激烈对抗中冷静思考 ★ 提高音乐修养，音乐可熏陶性格，听交响乐、歌剧

图 7-16

沉着冷静的性格养成并非一蹴而就，需要长期不断地培养，切不可心急，要有耐心，这也是培养沉着冷静性格的一个重要过程。

7.6.7 宽容大度

"严于律己，宽以待人"，宽容大度是一种良好的性格，也是一门处世哲学（图 7-17）。

"人非圣贤，孰能无过"，如果没有触及法律底线，我们不妨大度一些，要能容人之长、容人之短、容人个性、容人之功、容人之过。但也要时刻铭记，"过度宽容就等于放纵"，凡事都要把握好一个度。

宽容大度者心理画像	宽容大度的性格/品格培养秘诀
	★不断学习，提升自己的学识、修养 ★学会换位思考，理解、接纳他人 ★学会宽容自己，正视自己的缺点和不足，并不断克服和纠正 ★不拘小节，退一步海阔天空

图 7-17

7.6.8 善良感恩

"人之初，性本善"，善良是一个人重要的性格品质。善良的人会善待自己，也懂得善待他人，并懂得珍惜当下的生活，不仇恨、不冷漠，总给人一种正能量。

善良感恩的性格养成离不开有爱的家庭和教育环境，也离不开自己对性格和生命的理解（图7-18）。

善良和感恩是人的良好性格表现，也是人生的重要精神力量，善良感恩能创造爱、传递爱，并让自己和周围的人拥有幸福。

第 7 章　性格完善：更智慧地生活

善良感恩者心理画像	善良感恩的性格/品格培养秘诀
	★ 观察、体会他人的艰辛 ★ 珍惜粮食、爱护环境 ★ 助人为乐、感谢他人的爱心举动 ★ 感谢爱自己的人和自己爱的人的付出，并给予回报 ★ 勇于表达爱、传递爱

图　7-18

性格心理学
性格解密与养成

7.7 每个人都是独一无二的,做最好的自己

认识自己是做好自己的前提,要获得快乐与幸福,就应该充分认识自己的性格。过分压抑自己的性格去迎合别人会很痛苦,并且容易诱发自卑心理,这时你应该学会接纳与理解自己,学会与自己"和解"。

每个人都是世界上独一无二的存在,每一个人的性格各不相同,没有谁的性格是完美的,也没有谁的性格是一无是处的,同一种性格从不同角度看可能会有截然不同的结论。

认识自我性格并学会悦纳自己,进而善待自己,才能主宰命运、成就最好的自己。

性格心理学：性格解密与养成

【随机提问】

1. 通过性格测试，你属于哪一种性格或者性格更接近哪一种或哪几种类型？

2. 你对自己的性格满意吗？有没有想过要改变自己性格某方面的不足？

3. 你喜欢自己现在的生活状态吗？为什么？

4. 和彼此熟悉的朋友做一个小游戏，每人各取两张白纸，一张纸上罗列出自己性格的优点、缺点，另一张纸上列出对方性格的优点、缺点，然后相互交换，看看会发生什么有趣的事，和你想象中有什么不同。

参考文献

[1] 刘志则，白袖贤. 性格心理学：九型人格探秘 [M]. 北京：台海出版社，2019.

[2] 李娟娟. 性格心理学 [M]. 北京：台海出版社，2019.

[3] 牧之. 性格心理学 [M]. 南昌：江西美术出版社，2017.

[4] 中国心理卫生协会，中国就业培训技术指导中心. 心理咨询师（基础知识）[M]. 北京：民族出版社，2015.

[5] 邹宏明. 性格心理学 [M]. 厦门：鹭江出版社，2015.

[6] 高方涛. 性格心理学：读懂性格背后的心理真相 [M]. 北京：中国铁道出版社，2018.

[7] [日] 波波工作室著，蒋奇武译. 色彩性格心理学：1秒看懂他人改变自己 [M]. 杭州：浙江人民出版社，2019.

[8] 元心语. 性格心理学：职场、情场、交际场中精准识人的高效指南书 [M]. 苏州：古吴轩出版社，2019.

[9] 李群锋. 儿童行为心理学 [M]. 苏州：古吴轩出版社，2017.

[10] 李群锋. 儿童性格心理学 [M]. 苏州：古吴轩出版社，2017.

[11] 蔡万刚. 儿童性格心理学 [M]. 北京：中国纺织出版社，2018.

[12] 乐嘉. 跟乐嘉学性格色彩 II [M]. 北京：中国华侨出版社，2017.

[13] [美] 泰勒·哈特曼著，曾桂娥译. 世界顶级心理大师教你破译性格色彩密码 [M]. 武汉：湖北长江出版集团，长江文艺出版社，2010.

[14] [美] 海伦·帕尔默著，路本福、蒲文玥译. 九型人格 [M]. 北京：华夏出版社，2016.

[15] [美] 马丁·塞利格曼著，洪兰译. 真实的幸福 [M]. 沈阳：万卷出版公司，2010.

[16] 缪建东. 家庭教育社会学 [M]. 南京：南京师范大学出版社，2001.

[17] [英] H. Rudolph Schaffer（H. 鲁道夫·谢弗）著，王莉译. 儿童心理学 [M]. 北京：电子工业出版社，2010.

[18] 陈彧. 妈妈不唠叨，教出棒女孩 [M]. 合肥：安徽人民出版社，2014.

[19] 童趣出版有限公司，加拿大舒艾特出版公司. 爸爸是榜样 [M]. 北京：人民邮电出版社，2019.

[20] 傅小兰. 情绪心理学 [M]. 上海：华东师范大学出版社，2016.

[21] [美] 艾里希·弗洛姆著，刘福堂译. 爱的艺术 [M]. 上海：上海译文出版社，2018.

[22] 许旺林，陈胜. 色彩心理学在罪犯教育改造中的运用 [J]. 河南司法警官职业学院学报，2013（1）：30-33.

[23] [英] 彼得森著，徐红译. 积极心理学 [M]. 北京：群言出版社，2010.

[24] 卢吉. 你真的了解自己吗 [J]. 成才与就业，2019（Z1）：13-25.

[25] 闵芬梅，张丹，祝进梅. 浅谈家庭、学校、社会对儿童性格塑造的影响 [J]. 科教导刊（中旬刊），2020（6）：144-145.

[26] 黄鹏，王磊.谈角色行为的两面性——通过"行为"来展示角色性格[J].人文天下，2015（6）：26-28.

[27] 王萍萍.性格色彩理论在职场的运用[J].经营与管理，2015（1）：48-50.

[28] 阳柯，江星仪，彭晨，刘杰，邹瑶，刘漾.运用性格色彩学改善人际交往的研究[J].赤峰学院学报(自然科学版)，2017（4）：61-63.

[29] 睿之.性格缺陷与精神疾病[J].医学文选，1990（1）：72-73.

[30] 张仁伟，孔克勤.血型与性格关系研究的回顾与思考[J].心理科学，2002（6）.